普通高等教育通识课系列教材
四川省高校思想政治工作精品项目
四川省课程思政示范项目

工 程 伦 理

——理论、实践与应用

主　编　沈　艳

副主编　郭　兵　任红萍

西安电子科技大学出版社

内 容 简 介

本书以立德树人为根本任务，以培养新时代工程技术人才的工程伦理意识和责任感为出发点。全书共 3 篇 10 章，分为理论、实践与应用三个方面。理论篇共 2 章，以案例为引导，介绍工程、工程伦理的基本概念；实践篇共 3 章，聚焦工程实践和工程职业，围绕如何造就好工程、如何成为卓越工程师、如何践行跨文化工程实践这三大问题，引导学生了解职业规范，提升伦理意识和责任感；应用篇共 5 章，结合大数据、人工智能、网络工程、机械工程、机器人工程等领域，探讨其中的伦理问题和解决之道。书中选取大量中国工程实践中的典型案例，做到理论通俗易懂、深浅适当、案例丰富，满足读者学习工程伦理的需要。

本书可作为普通高等学校工程伦理教育的教材，亦可供高等学校相关教师以及工程技术人员和工程管理人员参考。

图书在版编目（CIP）数据

工程伦理：理论、实践与应用 / 沈艳主编. -- 西安：西安电子科技大学出版社, 2025. 7. -- ISBN 978-7-5606-7708-8

Ⅰ. B82-057

中国国家版本馆 CIP 数据核字第 2025S7T966 号

策　　划　刘小莉
责任编辑　刘小莉　杨　婷
出版发行　西安电子科技大学出版社（西安市太白南路 2 号）
电　　话　（029）88202421　88201467　　　邮　　编　710071
网　　址　www.xduph.com　　　　　　　　　电子邮箱　xdupfxb001@163.com
经　　销　新华书店
印刷单位　陕西日报印务有限公司
版　　次　2025 年 7 月第 1 版　　　　　　2025 年 7 月第 1 次印刷
开　　本　787 毫米×1092 毫米　1/16　　　印　　张　11.5
字　　数　266 千字
定　　价　35.00 元
ISBN 978-7-5606-7708-8
XDUP 8009001-1

*** 如有印装问题可调换 ***

前　言

随着第四次工业革命的到来，人工智能、大数据、物联网等新型技术的发展正悄然改变现代工程的形态。工程的技术复杂性提升，工程风险不断增大，各种工程伦理问题、伦理困境日益突出。这对工程技术人员提出了新的要求，即不仅要求工程技术人员具有扎实的专业理论基础和专业技术，同时也要求工程技术人员具有坚定的工程伦理素养和职业道德，在解决工程问题以及做出工程实践决策时，能对工程行为正当性进行价值判断，并在价值冲突中做出正确的价值选择，肩负起将公众安全、健康和福祉置于首位的责任，促进社会的可持续发展，实现人与社会、人与自然以及人机关系和谐共生。

2020 年 6 月，教育部颁布的《高等学校课程思政建设指导纲要》明确指出："要注重强化学生工程伦理教育，培养学生精益求精的大国工匠精神，激发学生科技报国的家国情怀和使命担当"。本书以引导案例为切入点，从工程伦理的基本概念、基本理论及工程实践中存在的共性、特性问题等多个层面系统地介绍了工程伦理，帮助读者理解工程伦理的内涵，树立正确的工程价值观和工程伦理观，提升工程伦理素养，在将来从事工程活动中将工程伦理价值理念融入工程技术的实施活动中。

本书以立德树人为根本任务，聚焦中国工程，构建中国特色工程伦理教育体系。本书具有以下特点。

1. 注重理论与实践并重

本书结合我国工程伦理教育的特点，梳理中国工程以及伦理规范，除保留部分经典国外案例之外，立足于中国传统优秀文化和社会主义核心价值观，收集整理中国工程实例，每章以优质本土案例为切入点，引出本章学习内容，并在章末设置相应的案例分析题，从而让读者能综合运用工程伦理学理论、知识和方法，对现代工程实践中出现的价值冲突和道德失范现实问题做出切实可行的分析与实践。

2. 新兴技术伦理融合

随着大数据、人工智能等新兴技术的发展，工程伦理的内涵也在不断扩大，从探讨人—社会—环境的关系拓展为人—社会—环境—机器的关系。由这些新兴技术所产生的伦理问题也不同于以往传统工程领域所蕴含的伦理问题。本书整理了大数据、人工智能、网络工程、机械工程、机器人工程等不同工程领域的相关案例，分析其产生的特性伦理问题，并探索解决之道，从而使教材中的抽象理论知识获得更加具体化、精准化和形象化表达。

本书共 3 篇 10 章。理论篇包含第 1 章和第 2 章。其中第 1 章什么是工程，主要介绍工程活动的演变、工程的含义和特点、工程与科学、技术、产业和艺术的关系以及工程精神；第 2 章如何理解工程伦理，主要介绍道德与伦理的内涵和关系、不同伦理立场与伦理困境以及工程伦理问题及其处理思路。实践篇包含第 3 章～第 5 章。其中第 3 章如何造就好工程，主要介绍工程风险的内涵及来源、做好工程的伦理原则以及造就好工程的要求；第 4 章如何成为卓越工程师，主要介绍工程师的内涵、中国工匠精神、中国工程师精神和伦理责任以及工程师的伦理冲突；第 5 章如何践行跨文化工程实践，主要介绍跨文化工程实践的伦理挑战、中国跨文化工程的伦理观以及跨文化工程实践的伦理规范。应用篇包含第 6 章～第 10 章，分别介绍大数据、人工智能、网络工程、机械工程、机器人工程等不同工程领域特有的工程伦理问题及其处理原则和治理机制。

沈艳老师从工程伦理问题链出发，统筹规划了本书的撰写思路和框架，并组织处理编写过程中遇到的具体问题。具体的编写分工情况如下：第 1 章～第 5 章、第 9 章、第 10 章由沈艳编写；第 6 章由任红萍编写；第 7 章和第 8 章由郭兵编写。

在编写本书过程中，编者参考了国内外专家学者的著作以及一些新闻媒体的相关资料，限于篇幅，参考文献和资料来源未能一一列举，在此向本书所引用的参考资料的所有作者和同仁致以衷心的感谢。四川省教育厅、成都信息工程大学教务处及计算机学院对本书的编写工作给予了大力支持，西安电子科技大学出版社为本书的出版付出了辛勤劳动，在此也一并感谢！

限于编者水平，书中难免存在错误与不妥之处，敬请同行专家和广大读者批评指正。

编　者
2025 年 3 月

目 录

第3篇 应 用 篇

第 1 篇

理 论 篇

第1章

什 么 是 工 程

工程是人类赖以生存的一项集技术要素和非技术要素于一体的社会实践活动，其目的是造福人类。工程融合了科学、技术和艺术，集合众多因素，工程因人类的主观因素被赋予了价值与精神。

本章学习目标

(1) 了解工程活动的演变。
(2) 理解和掌握工程的含义和特点。
(3) 了解工程与科学、技术、产业及艺术的区别和联系。
(4) 理解工程精神的内涵、基本特征以及中国工程精神。

引例："两弹一星"工程及其精神

"两弹一星"工程是以研制导弹、原子弹和科学试验卫星为主要内容的重大国防工程，如图 1.1 所示。20 世纪 50 年代，面对国际上严峻的核讹诈局面，为了增强国防实力，保卫世界和平，国家发挥集中力量办大事的制度优势，毅然做出发展"两弹一星"，突破国防尖端技术的战略决策。

图 1.1 两弹一星工程

一大批优秀的科技工作者怀着赤子心，淡泊名利甚至选择隐姓埋名，义无反顾投身于"两弹一星"伟大事业。例如，杰出科学家钱学森历尽艰辛于 1955 年 9 月回到祖国，着手建立导弹研究院；核物理学家王淦昌从苏联回国，在领受研制核武器任务时，做出"我愿以身许国"的庄严承诺；空气动力学家郭永怀为了不给美国政府阻碍他回国的任何借口，在回国前将未完成的书稿付之一炬，回国后，他全身心投入核武器研制工作，当飞机遇险时，他用自己的身体保护具有重要价值的绝密文件；核物理学家邓稼先在美国获得物理学博士学位后的第 9 天就迫不及待回到祖国，在一次核试验中，他不幸受到核辐射，罹患癌症，英年早逝……正是这些优秀的科技工作者，他们将个人理想与祖国命运紧密相连，将个人志向与民族复兴紧密相连，在茫茫无际的戈壁荒原、在人烟稀少的深山峡谷用自己的热血和生命谱写了一部爱国奉献的壮丽史诗。1999 年 9 月 18 日，中共中央、国务院、中央军委为研制"两弹一星"做出突出贡献的 23 位科学家授予"两弹一星"功勋奖章，如图 1.2 所示。

陈芳允　电子、空间专家　　陈能宽　金属物理学家　　程开甲　核武器技术专家　　邓稼先　核物理学家　　郭永怀　空气动力学家

黄纬禄　火箭与导弹控制　　彭恒武　理论物理学家　　钱骥　空间技术与物理　　钱三强　核物理学家　　钱学森　空气动力学家　　任新民　航天火箭发动机

孙家栋　火箭与卫星技术　　屠守锷　火箭和结构专家　　王大珩　应用光学专家　　王淦昌　核物理学家　　王希季　卫星和空间技术　　吴自良　物理冶金学家

杨嘉墀　航天和自动控制　　姚桐斌　冶金和航天材料　　于敏　核物理学家　　赵九章　地球物理学家　　周光召　理论物理学家　　朱光亚　核物理学家

图 1.2　"两弹一星"功勋奖章获得者

"两弹一星"是现代科技成果的融合和结晶，是一项规模庞大、技术复杂、综合性强

的系统工程。"两弹一星"的成功不仅铸就了中国的核盾牌，奠定了中国国防安全体系的基石，给新中国的发展创造了一个相对和平、有利的国际战略环境，也塑造了中国崭新的大国形象。

在"两弹一星"的研制过程中，广大科研工作者形成了"热爱祖国、无私奉献，自力更生、艰苦奋斗，大力协同、勇于登攀"的"两弹一星"精神。这种精神是从事航天、核工业事业的广大干部、职工与解放军指战员在长期科研、生产、试验实践中创造、提炼出来的，是"两弹一星"取得成功的力量源泉和重要保证，彰显了自强不息的民族品格。"两弹一星"精神也已成为我们伟大民族精神的重要组成部分，为中华民族伟大复兴奠定了坚实的精神基础。

思考：

(1) "两弹一星"工程反映了工程实践的什么特点？

(2) 一个工程应当具有哪些工程价值？

(3) 如何在工程活动的具体实践中挖掘与提炼工程精神？

1.1 工程活动的演变

中国工程的发展演变

工程起源于人类劳动，并伴随着人类社会的发展而持续发展。工程活动是人类社会发展进程中的一项重要的基本活动，在人类文明的演进过程中发挥着重要作用。例如，中国古代的都江堰水利工程、万里长城，现代社会的港珠澳大桥、青藏铁路、中国天眼、中国第一款具有完全自主知识产权的大型喷气式客机 C919 等工程，如图 1.3 所示。

(a) 都江堰水利工程

(b) 万里长城

(c) 港珠澳大桥

(d) 青藏铁路

(e) 中国天眼　　　　　　　　　　(f) COMAC C919

图 1.3　中国工程

　　纵观古今，作为造物过程的工程活动经历了原始工程、古代工程、近代工程、现代工程的发展历程。工程活动的演变历史是一部人类的发展史，不仅丰富了人类的物质世界，也推动着人类精神文明的进步与发展。

1.1.1　原始工程时期

　　原始工程时期主要是指旧石器时代。劳动是制造工具和使用工具的造物活动。在旧石器时代，人类经过敲打、撞击、截砍等多道工序将石头制作成劳动工具，其本身就是一种工程活动。例如，在中国广西壮族自治区百色市发现 80 万年前打制的石器手斧，如图 1.4 所示。该手斧是一种用砾石、石核或石片打制的重型工具，主要用于屠宰大型动物和挖掘植物根茎等，比欧洲手斧还早 30 万年的百色手斧需要 50 多道制作工序才能完成，这证明了在旧石器时代的古人类已经拥有先进的石器制作技术。

图 1.4　广西壮族自治区百色市发现的手斧

　　把石头加工成工具成为整个旧石器时代主要的工程活动。尽管这个时期工程活动简单，但人类由此开启了认识自然、改造自然、适应自然的历程。

1.1.2　古代工程时期

　　古代工程时期是指从新石器时代到公元 14 世纪。这个时期人类处于古代文明时期，人类的工程活动内容和方式迎来了新的变化。

在新石器时代，人类主要从事农业和畜牧业等生产活动，这些生产活动催生了人类对食物储藏、烹煮器皿的需求，也因此揭开了从天然物中提取材料并制成新的人工物的新篇章。古代工程时期的陶器如图 1.5 所示。

图 1.5　陶器

制陶工艺的发展推动人类进入金属时代，人类以石头、金属、木材、黏土、火为自然原料，融入创作等思维活动，开展更为复杂的工程活动，制造出形式多样的人造物，特别是铁器的制造及其广泛使用，将人类的工程活动提升到一个新的水平，极大促进大型水利工程的出现，进而促进了农业工程的发展。古代工程时期的铁器如图 1.6 所示。

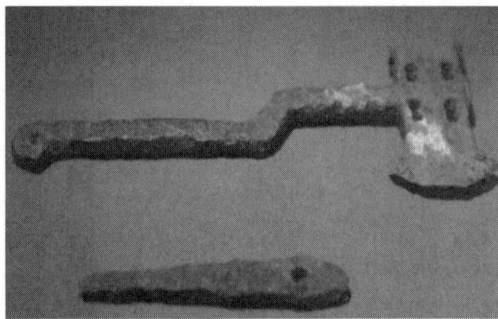

图 1.6　铁器

随着生产力的发展，以及人类需求的多元化和生活方式的丰富化，房屋建筑开始出现，并逐渐发展形成村落，村落进一步发展为城镇建筑，成为现在城市的雏形。建筑工程从普通的居所发展到融入美学、文化等因素的建筑。体现宗教性、纪念性、装饰性等复杂目的的大型结构工程不断涌现，例如，埃及金字塔和巴黎圣母院，如图 1.7 所示。工程建造物的社会内涵更加丰富，工程活动的分工也越来越明显和专业化，造就了一批专业工匠。

在中国古代，勤劳智慧的劳动者在工程实践活动中创造了许多举世瞩目的工程，特别是大型建筑结构和水利工程的成就更是举世闻名。例如，享有"世界古代水利建筑明珠"美誉的灵渠、唯一留存的以无坝引水为特征的都江堰水利工程以及首开了引泾灌溉之先河的有坝引水工程郑国渠并称为"秦时三大水利工程"。这些工程是中国古代浩大工程的典范，展现了中国古代工程技术的非凡成就和中华民族工程发展的悠久历史。

(a) 埃及金字塔

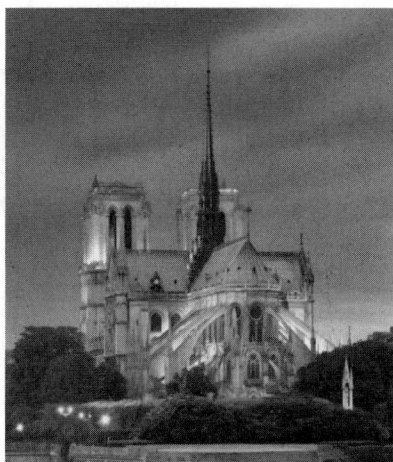

(b) 巴黎圣母院

图 1.7 古代建筑

■ 案例

都江堰水利工程

都江堰水利工程位于四川成都平原西部的岷江上，距成都约 60 千米，是李冰父子于公元前 256 年组织修建的全世界迄今为止年代最久、唯一留存、仍在使用、以无坝引水为特征的宏大水利工程，如图 1.8 所示。该工程使成都平原成为水旱从人、沃野千里的"天府之国"。

图 1.8 都江堰水利工程

岷江出自岷山山脉，从成都平原西侧一路向南流淌。由于成都平原西北高、东南低，坡度大，导致水流落差达 273 米，因此，岷江成为"悬江"。每当岷江洪水泛滥，成都平原一片汪洋；一遇旱灾，又赤地千里，颗粒无收。岷江水患长期祸及川西，鲸吞良田，侵扰民生，成为古蜀国生存发展的一大障碍。

公元前 256 年，李冰率众在岷江出山口修建都江堰水利工程。这项工程主要由鱼嘴、飞沙堰、宝瓶口三大部分以及人字堤等附属工程构成，如图 1.9 所示。

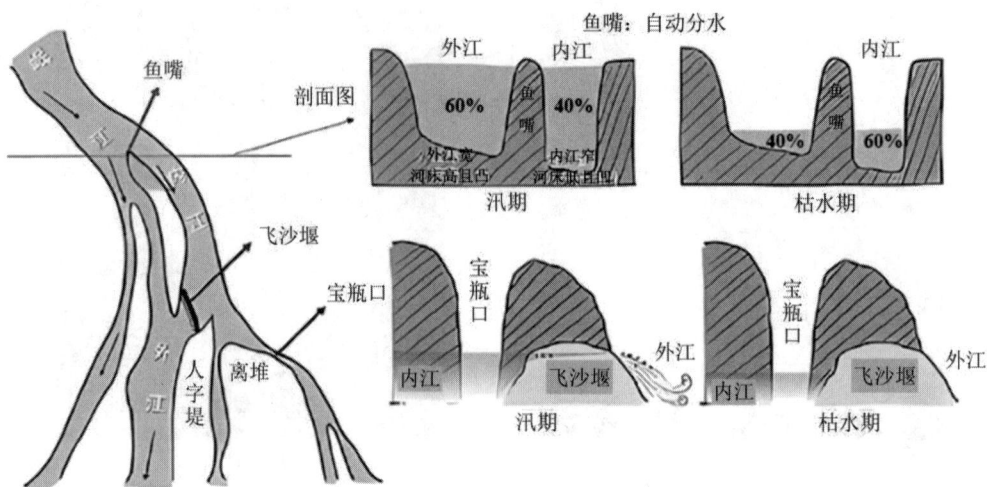

图 1.9　都江堰水利工程工作原理

　　工程充分利用当地西北高、东南低的地理条件，根据岷江出山口特殊的地形、水脉、水势，乘势利导，利用鱼嘴把岷江一分为二。当枯水季节，把水自动分成内江 6 成、外江 4 成，保证成都平原用水需要；当洪水来袭，分水比例就自动变成内江 4 成、外江 6 成，保证成都平原不受岷江洪水袭击。同时，利用流体力学中弯道环流原理，在环流的作用下，江水产生分层运动，夹带泥沙较少的表层水趋向凹岸的内江，夹带泥沙较多的底层水趋向凸岸的外江，实现第一级分洪排沙。内江的飞沙堰也在弯道上，其弯曲半径达 750 米，飞沙堰在凸岸，宝瓶口在凹岸，在环流的作用以及离堆的阻挡下，内江中的洪水和 70%~90% 的泥沙由飞沙堰溢出，实现第二级分洪排沙。宝瓶口是人工在玉垒山开凿的一个缺口，10% 的江水由宝瓶口流入灌区，被截离的山麓称为离堆，而江水中的泥沙仅占总量的 9%。在宝瓶口的开凿过程中，当时没有可用于开山凿石的金属工具，人们利用热胀冷缩原理，采用火烧水浇的方法完成了开凿。岷江经宝瓶口后分成众多的沟渠河道，组成纵横交错的扇形水网，灌溉着整个成都平原。这使成都平原的农业生产迅速发展，成为了闻名天下的巨大粮仓。同时，在进行一年一度的工程维护"岁修"时，就地取材，应用本地盛产的竹、木、卵石来截流分水、筑堤护岸、抢险堵口，并总结出四大传统堰工技术——竹笼、杩槎、羊圈和干砌卵石。水利史专家谭徐明在《都江堰史》中写道："干砌卵石用作堤防和护岸时有利于落淤固滩，为河滩各类生物的生长繁衍提供较好的环境，使堤防产生较好的生态和景观效果。"

　　都江堰水利工程科学地解决了江水自动分流、自动排沙、自动泄洪、精准控制引水等问题，保证了防洪、灌溉、水运和社会用水综合效益的充分发挥。除灌溉外，都江堰还有舟楫之利，成都一度成为重要的水上交通枢纽，货通天下，船行四海，锦江更成了南丝绸之路的起点，正如杜甫诗云："窗含西岭千秋雪，门泊东吴万里船。"意大利旅行家马可·波罗描述成都的水上运输时写道："河中船舶舟楫如蚁，运载着大宗的商品，来往于这个城市"。

　　如今，都江堰水利工程已经发展成为特大型水利工程体系，尽管逐步改用混凝土浆砌卵石技术对都江堰水利工程进行维修、加固，但古堰的工程布局和"深淘滩、低作堰"

"乘势利导、因时制宜""遇湾截角、逢正抽心"等治水方略沿用至今。都江堰以其"历史跨度大、工程规模大、科技含量大、灌区范围大、社会经济效益大"的特点享誉中外，在政治、经济和文化等方面都有着极其重要的地位和作用，成为世界水资源利用的典范。

被誉为"中国 17 世纪的工艺百科全书"，中国第一部关于农业和手工业生产技术的著作《天工开物》梳理了一百三十多种生产技术和工具，系统总结了中国古代的各项技术，如图 1.10 所示。该书体现了人与自然相协调，人力与自然力相配合的中国传统哲学思想，展现了中国人自古传承的技术观。

图 1.10 著作《天工开物》

无论是庙宇、房屋、桥梁、城墙的建造，还是灌溉沟渠、防御工事的兴建，不仅展现了古代工程的发展变迁，也留下了工程发展演变的历史痕迹。这些工程不仅渗透了纪念性、艺术性等具有象征意义的精神因素，承载了人类对政治、经济、宗教和文化的需求，也折射出人类工程水平、工程文化思维以及工程文化的演变，成为人类文化发展的历史遗产。

1.1.3 近代工程时期

近代工程时期是指从 15 世纪文艺复兴到 19 世纪末。在这个时期，工程领域的扩大和发展需要更强大的动力。正是在此因素的驱使下，18 世纪 60 年代蒸汽机的发明和广泛使用引发了第一次工业革命，人类从此进入蒸汽动力时代。19 世纪中期，人类迎来了以电气化为标志的第二次工业革命，电力取代蒸汽动力，步入发电、配电与用电电气化时代。

近代工程时期被誉为指数增长的工程时代，这个时代工程类型增多，如机械工程、纺织工程、土木工程、化学工程、电气工程等，工程方法多样，工程师这一职业出现，工程活动从分散性、经验性发展到一定的规模性和产业集中度，生产效率得到空前提高。与此同时，工程活动对社会、生态环境所造成的负面影响开始被人们所认识。

为了实现中华民族的自强、求富之路，近代中国开展洋务运动。洋务运动的倡导者提出"中学为体，西学为用"的口号，推出了引进西方先进技术，创办军事工业和民族工业，设立新式学堂、派遣学生出国留学等一系列举措。这不仅催生了中国近代工程师队伍的起步和壮大，也展示了中国人民自强不息的精神，在近代中国工程历史上留下了浓墨重彩的一笔。

■ 案例

詹天佑与京张铁路

詹天佑是中国近代铁路工程专家，被誉为中国首位铁路总工程师，曾主持修建我国自主设计的第一条铁路——京张铁路，素有"中国铁路之父""中国近代工程之父"之称。詹天佑与京张铁路如图 1.11 所示。

图 1.11　詹天佑与京张铁路

詹天佑在 12 岁时前往美国留学，于 1878 年考入耶鲁大学谢菲尔德学院土木工程系，主修铁路工程专业。詹天佑出色地完成了大学本科课程的学习，成为当年归国的 105 名留美学生中仅有的两位学士学位获得者之一。在詹天佑一生参与、主持修建的铁路中，最艰巨、最著名的就是京张铁路，这也是中国近代工程建设崛起的标志性工程。

古时的张家口不仅是北京通往内蒙古的要塞，为兵家必争之地，也是南北旅商来往之孔道，因此，修建京张铁路具有重要的经济价值和政治价值。1903 年，清政府决定修筑京张铁路，英、俄两国为争夺京张铁路修路权相持不下。为摆脱英、俄两国的纠缠，清政府决定由中国自己出资、勘测、设计、修筑和管理京张铁路，并任命詹天佑为总工程师兼会办，后升任总办。英、俄两国得知清政府的决定后声称，如果没有他们，京张铁路不可能修成。也有外国人曾讥讽说建造这条铁路的中国工程师恐怕还未出世。面对外国人的讥讽，詹天佑不但没有失去信心，反而更加坚定。他曾说："中国地大物博，而于一路之工，必须借重外人，引以为耻！"同时，他也勉励自己和同仁："全世界的眼睛都在望着我们，必须成功！无论成功或失败，绝不是我们的成功和失败，而是我们的国家！"

京张铁路自北京至张家口，这一带崇山峻岭，地形险峻，尤以从南口到岔道城的关沟段最为险峻，工程异常艰巨。詹天佑以惊人的毅力投入到京张铁路的修建工作中，吃住在现场，事无巨细，亲自率领工程技术人员背着标杆和经纬仪在崇山峻岭中勘测线路，在峭壁上定点制图。为了寻找一条理想的筑路线路，詹天佑常常骑着小毛驴在崎岖的山径上奔波，白天翻山越岭，晚上则俯身在油灯下绘图计算，经过反复的勘测与比较，詹天佑最终选定京张铁路的最佳线路。

詹天佑在修建八达岭隧道过程中，为了缩短修建工期，创造性地发明了竖井开凿法，即施工人员先从山顶开凿一口竖井，再分别向两头开凿。同时，詹天佑运用我国传统建造拱桥的经验，在隧道中及时砌上边墙环拱，防止刚开凿的隧道塌方。为了克服因南口和八达岭高度落差而导致火车爬坡难的问题，詹天佑因地制宜，在工作中创造性运用了折返线原理，在山多坡陡的青龙桥修筑了一段"人"字形线路，即利用火车前后的两个车头，当列车在上坡时，前面的火车头负责拉，尾部的火车头负责推，以满足火车上坡的动力。等到列车行驶过"人字形"线路的岔道口后，列车的前进方向反过来，原先负责拉的车头改为负责推，原来处于列车尾部的车头负责拉，从而使关沟段线路坡度降低到3.3%以下，使八达岭隧道的长度减少到设计方案的一半。另外，詹天佑根据山区筑路的特点，就地取材，设计了许多具有民族特色、宏伟可观的石拱桥，节省了钢材，降低了工程造价，实现了他自己提出的花钱少、质量好、完工快这三个要求。

京张铁路于1905年9月开工修建，历时四年，于1909年10月通车，长约200公里，比原计划提前两年建成，成为中国首条不使用外国资金及人员，由中国人自行设计、施工和投入营运的铁路。京张铁路的建成打破了外国人垄断修建中国铁路的局面，不仅是中国近代史上中国人民反帝斗争的一次胜利，标志着工业文明走进中国，也是中国工程技术界的光荣，提高了中国人民自办铁路的信心，提升了中国科学技术人员的学术地位和国际声誉。

詹天佑将其毕生的精力和才能，毫无保留地奉献给中国铁路建设事业，为促进中国工程事业的发展做出了卓越的贡献，他所展示的自力更生、发愤图强、不怕困难、艰苦奋斗、勇于创新的精神，成为他留给我们的伟大精神遗产。

1.1.4　现代工程时期

现代工程时期始于19世纪末20世纪初，这个时期的基础科学特别是物理学的发展促进了现代工程的产生和发展。曼哈顿计划、阿波罗计划等在这个时期涌现出来。自20世纪50年代开始，随着电子计算机的发明和使用，人类迈入以知识和信息的生产、传输和利用为特征的第三次工业革命，即信息时代，促进了以高科技为支撑的核工程、航天工程、生物工程、微电子工程、软件工程、新材料工程等现代工程的形成和发展。这个时期的工程对自然和人类社会的影响重大且深远，工程所带来的伦理争论此起彼伏，工程风险具有了以往任何时期都不具有的新的表现形式。

在这一时期，中国工程也取得了举世瞩目的成就。1964年，中国第一颗原子弹爆炸试验成功；1965年，世界上第一个人工合成的蛋白质——牛胰岛素在中国诞生；1967年，第一颗氢弹爆炸试验成功；1968年，第一座自主设计和建造，并且全部采用国产材料的特大型公路、铁路两用桥——南京长江大桥建成通车；1970年，人造地球卫星"东方红一号"发射成功以及第一艘核潜艇"长征一号"安全下水并试航成功；1972年，第一条330千伏超高压输变电工程——刘天关(刘家峡—天水—关中)输变电工程建成输电，点亮了三秦大地的万家灯火，推动了西北地区工农业的飞速发展；1973年，第一台运算速度达到一百万次的集成电路电子计算机150问世，成为中国电子计算机发展史上的一个里程碑；1975年，第一条电气化铁路宝成铁路建成通车，结束了中国没有电气化铁路的历史，从此拉开中国铁路现代化建设的序幕。

随着改革开放的深入，国家基础建设投资规模不断加大，中国工程迎来了全面发展期，中国的现代工程也逐渐走向世界舞台并崭露头角。三峡工程、西气东输、南水北调、青藏铁路工程、正负电子对撞机、秦山核电站、神威太湖之光与天河二号等超级计算机、载人航天工程、嫦娥探月工程等一系列举世瞩目的工程活动凝聚了中国人的智慧，彰显了国家自强自立的精神气概和雄厚的综合国力。中国现代工程示例如图 1.12 所示。

(a) 三峡工程

(b) "天河二号"超级计算机

(c) 秦山核电站

(d) 正负离子对撞机

图 1.12　中国现代工程示例

人类步入 21 世纪以来，又迎来了第四次工业革命。这个以工业 4.0 为标志，由人工智能、大数据、生命科学、物联网、机器人、新能源、智能制造等一系列技术创新所带来的物理空间、网络空间和生物空间三者融合的革命，将彻底改变人类的生活、工作和社交的方式。

1.2　工程的含义与特点

工程的含义

1.2.1　工程的含义

何谓"工程"？中国古汉字对"工程"做了较好地诠释。甲骨文和早期金文的"工"字如图 1.13(a)所示，像一把带柄的利斧，利斧是匠人劳动的用具，故"工"字的本义是指用具、工具。凡善其事者曰工，引申为从事手工劳动的人，即工匠。工匠做工应细致而精巧，故"工"字又引申为细致、精巧之义。

"程"字如图 1.13(b)所示，左边"禾"部如同成熟下垂的禾穗，右边"呈"表示上报，"程"字本义为称量收成谷物并上报。《说文·禾部》："程，品也。十发为程，十程为分，十分为寸。"《荀子·致仕》中有"程者，物之准也，礼者，节之准也。程以立数，礼以定伦。"可见，"程"为一种度量单位，后引申为法度、标准。

| 甲骨文 | 金文 | | 战国文字 | 篆文 |

(a)"工"字   (b)"程"字

图 1.13 古汉字"工"与"程"

"工"与"程"合起来表示对工作进度的评判，或按照一定的规矩制作物的形式。由此可见，规矩、规范蕴藏在工程实践过程中。

在中国，"工程"一词古已有之，主要指土木工程。《北史》曾记载："营构三台，材瓦工程，皆崇祖所算也。"北宋欧阳修的《新唐书·魏知古传》记载有："会造金仙、玉真观，虽盛夏，工程严促，知古谏曰……"此处"工程"是指唐睿宗时期，朝廷为金仙、玉真两位公主建造的金仙观、玉真观这两个土木构筑项目。直到民国期间，工程所指仍然没有超出土木建造的范围。

在西方，"工程"一词出现于 18 世纪欧洲，起源于军事活动，主要指代与军事相关的设计和建造活动，如建造弩炮、云梯、碉堡等。到 18 世纪中叶，工程师的作用对象由战争工具变成道路、桥梁、码头等，此时的工程为民用工程，也就是指中国人称的"土木工程"。

随着社会的发展，科学技术的应用已经渗透工程的每个阶段，工程的范围也在不断扩大，工程的内涵也在不断发生变化。工程活动既不是单纯的科学应用，也不是相关技术的简单堆砌，而是科学、技术、经济、管理、社会、文化、环境等众多要素的集成、选择和优化。

综上，工程定义为：特定人群(工程共同体)为达到某一相同的特定目标，有计划、有组织地应用现有科学知识、技术手段，充分合理利用自然资源以及社会资源，在一定时期内通过群体协作建造出符合预期价值的人造物的社会实践活动。

1.2.2 工程的特点

由工程的定义可知，工程活动是人类利用各种要素的人工造物活动，其结果表现为新的事物或人工产品，工程的过程会对生态、政治、经济和文化等因素的发展产生一定影响，同时工程又受到自然生态规律以及经济、文化发展水平的制约，这使得工程呈现以下特点。

1. 导向性

工程是人类存在和发展的基础，工程的导向性旨在引导思考工程的本质是什么，工程为"什么人"服务，为"什么目的"服务。

2. 社会实践性

工程是一种社会生产实践活动，其目的旨在满足人类需要，造福人类。工程的社会实践性表现在两个方面：一是表现为众多行动者的积极参与，包括投资方、工程师、技术工人以及受到工程影响的社会公众等；二是表现为工程活动的过程受社会政治、经济、文化的制约，并贯穿于工程的始终，从而对人、社会和自然产生影响。

3. 创造性

工程活动是一个通过科学和技术综合集成，建造具有预期价值的人造产品的创新过程，实现创造新的人工物来满足人们的现实需求。创造性也使得工程活动区别于生产活动。

4. 价值性

每项工程都有其特定的历史背景与环境制约，因此工程具有价值取向。所谓工程价值，是指人们从事工程活动所创造出来的一种特殊的价值，能够反映出工程成果满足人类需要的程度。工程活动中利益主体的多元化以及社会的要求和环境条件决定了工程价值的综合性，即工程的价值包含了经济价值、科学价值、政治价值、文化价值、管理价值、社会价值、生态价值。

(1) 经济价值。评价一项工程是否具有价值的一个重要指标是经济价值，主要考察工程的经济价值和工程的经济性，即工程本身是否会带来经济效益以及如何以尽可能小的投入获得尽可能大的收益。

(2) 科学价值。工程的科学价值在于在工程实践过程中，创造性地把各种先进的技术集成起来，促进技术的发展和突破，或者研究出新的技术，或者发现旧技术的新用法。例如，航天工程的科学价值在于为宇宙起源的探索提供有力的支持。

(3) 政治价值。工程的政治价值表现为工程是出于某种政治目的而建造的，其极端表现为军事价值。

(4) 文化价值。工程的文化价值在于工程不仅为文化事业提供了基础设施、物质装备和技术手段，还在工程实践中展现出独特的工程精神。特别是近年来，我国对物质文化遗产以及非物质文化遗产的重视和保护，有助于增进民族和国家的自豪感和凝聚力。

(5) 管理价值。工程通常需要融合众多人员、资金和自然资源等，从而确保工程各个环节有序进行。一些富有成效的管理模式、方法和法规在确保工程有序进行的过程中发挥着越来越重要的作用。例如，系统工程的方法就是基于"曼哈顿计划"实践而被总结和提炼出来的。

(6) 社会价值。工程的社会价值在于工程成果改善人们的生活，提高生活的质量，技术创新的创始人熊彼特曾经指出："新技术及其产品具有弥合社会阶层差距的作用。"当然，工程的社会价值不仅体现在积极的一面，也会产生一种创造性破坏。例如，由于新兴技术发展所产生的工程产品替代了人工，从而使这部分人被迫失业下岗。

(7) 生态价值。工程实践活动对自然环境造成的影响是不可逆转的，特别是近年来工业化迅速发展过程中，工程活动的强度和规模越来越大，对生态环境的影响越来越广泛。

一项工程是具有多种价值的综合体，尽管不同领域中的工程活动都有其主导价值，例如，涉及农业生产、工业生产的工程，主要追求工程的经济价值；在政治领域的工程，主要是为了达到某种政治目的，强调工程的政治价值；在环保领域的工程，目的是改善生态环境，凸显的是生态价值；在军事领域的工程，注重打击与防卫能力，首先着眼于军事价值；在社会领域的工程，如解决住房困难问题的安居工程，缓解城乡居民用水难的引水工程等致力于实现工程的社会价值。因此，在实际工程活动中，为了促进社会和谐以及人与自然的协调，需要在不同的价值之间做出权衡取舍和协调优化，应当避免和防止极端追求某一方面的价值，而牺牲其他方面的价值。

5. 综合性

工程的综合性一方面表现在工程实践过程中所运用的学科理论和专业知识是综合的，必须综合应用科学和技术的各种知识，才能保证工程产出的质量和效率。例如，载人航天工程需综合运用信息科学、生命科学、气象学、材料学、能源与动力学等多方面的知识与技术；另一方面表现在工程项目实施过程中，应对人员、技术、资源、资金、装备等要素进行综合的优化与集成。同时，除技术因素外，还应综合考虑经济、法律、人文等因素，只有这样，才能保证工程能够获得最佳的社会效益和经济效益。

工程的综合性也使得工程的生命周期被划分为以下 5 个环节：

(1) 计划环节。该环节包括工程设想和决策，主要解决工程建造的必要性和可行性。

(2) 设计环节。该环节包括工程的设计思路、设计理念以及具体施工方案的设计等。

(3) 建造环节。该环节依据工程设计完成新的人工物的实现，包括工程实施、安装、测试和验收等具体步骤。

(4) 使用环节。在工程竣工验收后正式投入运营，实现其自身的经济效益或社会效益。

(5) 结束环节。工程服务期满后，需要进行报废处理。

6. 不确定性

所谓不确定性是指不能确定和预料到的状况。由于人类的知识与技术总是不完备的，加之人类的实践能力有限，面对特殊的自然环境、地理结构和天气状况，以及在应用技术的过程中可能产生的一些不可预期的后果，往往是无法提前预测的，从而导致工程具有不确定性。

7. 伦理的约束性

工程的最终目的是造福人类。工程在实践应用的过程中应该符合人类的道德伦理，应当“正当行事”，其行为要受到伦理道德的监视和约束，否则将可能给人类带来毁灭性影响。例如，原子核裂变现象的发现为人类提供了两条实用化途径：工业动力能源和军事能量释放。前者以造福人类为目的，让核裂变在人们的控制下，利用核反应堆中核裂变所释放出的热能进行发电；而后者则利用原子核裂变瞬时释放的巨大能量所产生的爆炸作用，制造具有大规模破坏效应的武器。

1.3　工程与科学、技术、产业和艺术的关系

1.3.1　工程与科学、技术、产业的关系

1. 工程与科学、技术、产业的区别

科学发现、技术发明、工程建造、产业生产是人类活动的重要组成部分。从总体上看，科学的核心是科学发现，技术的核心是技术发明，工程的核心是工程建造，产业的核

心是产业生产。科学、技术、工程、产业的概念和特征见表 1.1 所示。

表 1.1 科学、技术、工程、产业的概念与特征

名 词	概 念	特 征
科学 (Science)	科学是指对各种事实和现象进行实验、归纳、演绎，从而发现规律，并对各种规律予以验证并形成相关理论体系	① 认识世界，揭示自然界的客观规律，解决自然界"是什么"和"为什么"的问题，增加人类的知识财富； ② 以真理为准绳，判定是非正误； ③ 活动主体为科学家和科学家共同体
技术 (Technology)	技术是指人类根据生产实践经验和自然科学原理改变、控制、协调多种要素的手段和方法	① 改造世界，实现对自然的利用，解决改造自然界需要"做什么"和"怎么做"的问题，增加人类的物质财富； ② 以功利为尺度，评价利弊得失； ③ 活动主体为发明家和研究人员
工程 (Engineering)	特定人群(工程共同体)为达到某一特定目标，有计划、有组织地应用现有科学知识、技术手段，充分合理地利用自然资源以及社会资源，在一定时期内通过群体协作建造出符合预期价值的人造物的社会实践活动	① 将人们头脑中观念形态的东西以物的形式呈现，创造新的人工物； ② 以"目标—计划—实施—监控—反馈—修正"路线评价工程，工程达不到预期目标意味着失败； ③ 活动主体为工程共同体，其中工程师是工程活动的核心力量
产业 (industry)	产业是指建立在各类专业技术、工程系统基础之上的各种专业生产以及社会服务系统，由利益相互联系的、具有不同分工的、由各个相关行业所组成的业态总称	① 将个别的、偶然的人工物转变为普遍的、必然的社会物； ② 产业生产活动以经济效益为最终目标，以生产出满足社会需求的产品为基本途径； ③ 活动主体为企业家

2. 工程与科学、技术、产业的联系

1) 科学、技术、工程、产业是联结人和自然关系的桥梁

科学、技术、工程都反映人与自然的能动关系。在处理人和自然的关系中，科学活动是以"发现"为核心的人类活动，它使脱离于人的天然自然在科学实践中转化为人化自然；技术活动是以"发明"为核心的人类活动，它使一种崭新的人工自然的诞生成为可能；工程活动是以"建造"为核心的人类活动，它将人工自然物变为现实。产业是以产业生产为核心的人类活动，它是标准化、规范化、可重复的工程活动。

显然，科学、技术、工程和产业都是人类在处理人与自然关系过程中所取得的成果，反映了人与天然自然，到人化自然，再到人工自然，再到标准化之间的能动关系。

2) 科学、技术、工程、产业在历史进程中融合发展

在古代，技术和科学基本上处于分离的状态，即技术的进步同理论科学没有直接联

系。技术是依靠经验摸索、传统技艺的提高和改进实现的。例如，中国四大发明之一的火药，当时的人们发明火药的时候并不知道化学元素以及化学反应方程式，只是知道这几样东西拼凑在一起会发生爆炸，这是一种以经验性为主的特殊知识体系，继而使人们摆脱以木材、石材、铜和铁应用为基础的冷兵器，出现以线膛枪、线膛炮为标志的热兵器。

随着社会的不断进步，科学、技术、工程、产业的融合发展充分反映了从科学理论经由技术革命转化为现实生产力的过程。科学发现是技术发明的前提和基础，技术发明是科学发现的延伸和发展；技术是工程的前提和基础，是推动工程有序进行的手段；工程是技术的深化和拓展，并为技术的成熟化和产业化发展开拓道路；产业的物质基础是工程，一方面，工程类型和产业分类具有较强的对应性，如机械工程对应装备制造产业，纺织工程对应棉纺、化纤、织造、制衣产业，冶金工程对应钢铁、有色金属产业等；另一方面，产业的标准化、规范化不仅是提高生产效率、保证产品质量的重要前提，也是持续不断地满足社会日益增长的物质需求的必然要求。科学、技术、工程、产业之间的联系如图1.14 所示。

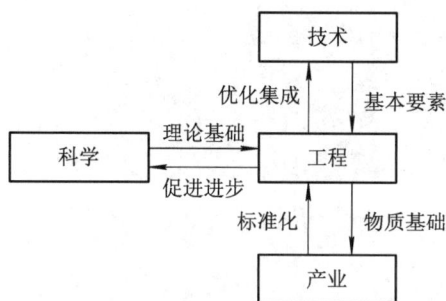

图 1.14　科学、技术、工程、产业的关系

1.3.2　工程与艺术的关系

艺术是人们认识客观世界的一种特殊方式，是使用象征性符号创造某种艺术形象的实践活动，最终以艺术品的形式呈现出来。这种艺术品既有艺术家对客观世界的认识和反映，也是艺术家个人情感、理想和价值观等主观性因素的体现。

工程与艺术的关系

美国土木工程师协会章程指出：工程是把科学知识和经验知识应用于设计、制造或完成对人类有用的建设项目、机器和材料的艺术。这里把工程看作艺术，旨在通过塑造工程形象，来反映社会生产和生活需求；旨在强调实用、经济与美观的统一，强调工程师的想象力、创造力与工程管理(包括人、财、物、时、空、环境)的和谐统一。

工程与艺术的共同点在于：艺术与工程都需要创造，要遵从道德向善或人文关怀的引导，以此满足人类对和谐审美的需求。不同之处在于工程要求在遵循工程的科学原理(如桥梁工程设计中的各项力学参数)和技术原理(如钢材的强度指标、水泥标号、沙、石的比例等)的前提下，让工程的外观形象具有艺术美感，成为满足社会和审美需求的有效

载体。

因此，工程可视为科学(物理)、技术(事理)和艺术(灵魂)的有机结合，不仅满足了人类的物质需要，也满足了人类追求美的精神需求，使人们获得和谐、愉悦的心理感受。

■ 案例

鸟巢和水立方

鸟巢和水立方分别是 2008 年夏季北京奥运会主体育场和主游泳馆，如图 1.15 所示。钢结构的鸟巢和膜结构的水立方不仅利用了建筑、结构、精细化工、材料、声学、光学、热工学等学科知识，还结合人文文化，一方一圆，体现了"天圆地方"的理念。

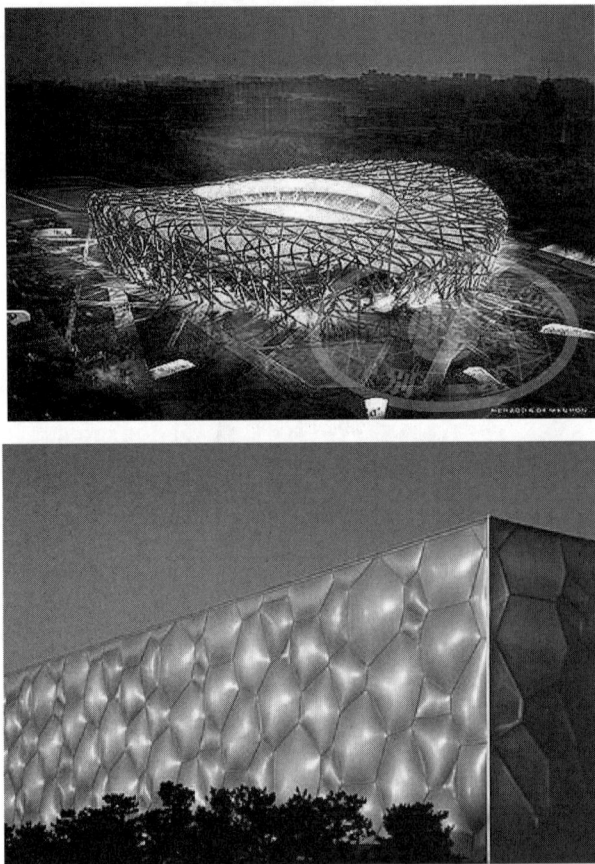

图 1.15　鸟巢和水立方

鸟巢设计融入了绿色、科技、人文的设计理念，如同一个巨大的容器，宛若树枝编制的鸟巢，寓意"筑巢引凤""百鸟归巢"，象征着大聚会、大融合。同时，也内涵生意盎然、生气蓬勃之意，象征着生命与运动，寄托着人类对未来的希望。鸟巢在建造上将中国传统文化中镂空的手法、陶瓷的纹路、红色的灿烂、热烈与现代最先进的钢结构完美地融合在一起。鸟巢，被誉为"第四代体育馆"的伟大建筑作品，作为一座独特的标志性建筑，成为了中国和世界建筑发展的重要见证。

水立方是世界上最大的膜结构工程。它根据细胞排列形式和肥皂泡的天然结构综合设计而成，建筑外围采用世界上最先进的形似水泡的环保节能材料——聚四氟乙烯膜，为场馆内带来更多的自然光。这样的设计不但体现出结构的力量美，还给人们提供享受大自然的浪漫空间。

1.4　工 程 精 神

1.4.1　工程精神的内涵与基本特征

1. 工程精神的内涵

工程是一项各要素集成的、复杂的动态系统，其本身就是造物活动，并不具有精神。但工程因为有"人"的参与，从而在工程实践中形成发自内心的共同信念和价值准则，并内化成为一种精神，使之成为指导从事工程活动的人们的行为规范和力量源泉，促进工程向善发展。因此，工程精神是指从事工程事业的人们在长期的工程实践活动中所凝聚形成的共同信念、价值准则、思维方式、意识品格和行为规范的总和，它是一种由内而外的面貌、风范、气质的展示，是人们从事工程活动的精神力量。

2. 工程精神的基本特征

1) 导向性

工程具有导向性，在工程中孕育的工程精神也具有导向性。有了良好的工程精神导向，工程共同体就能够具备共同的工程价值观念、遵循共同的行为准则，确立起一种以工程精神为灵魂的工程文化，形成一股积极向上的力量，激励其按照工程造福人类的基本原则从事工程活动，建造合格的好工程。

2) 调节性

优秀的工程项目不仅仅是造物活动，更是工程精神的塑造过程。工程精神贯穿于整个工程的每个环节，协调各因素之间的相互作用。一方面，它将工程共同体成员之间的感情密切地连接起来，另一方面能够调节工程与社会、环境之间的关系，满足社会民众对工程的要求。

3) 辐射性

工程精神作为工程活动的灵魂，随着工程的发展而不断发展，例如，载人航天精神是"两弹一星"精神在新时期的传承和发扬。同时，工程精神也成为一种普遍的社会精神，渗透进社会的各个层面，为人类精神文明建设注入新的"血液"。

1.4.2　中国工程精神

工程精神不只是一种精神，更是一种态度，一种责任，一种理想，一种信念，一种品格。中国工程精神涵养于中国工程文化的沃土之中，孕育在每一个行业领域，在具体的工程建设与项目实践中，既有共性的一面，也有个性的呈现。

■ 案例

中国载人航天工程及载人航天精神

　　当中国第一颗人造地球卫星"东方红一号"在太空奏响东方红，中国工程活动的空间也从地面延伸到了太空。随着中国空间工程的发展，中国具备了研制与发射返回式卫星、气象卫星、通信卫星等各种应用卫星的能力，这为中国实施载人航天工程奠定了坚实基础。

　　1992年9月，中国载人航天工程获得批准建设，这标志着中国航天史上迄今为止规模最大、系统最复杂、技术难度最高的工程正式拉开帷幕，如图1.16所示。中国载人航天工程确定了"三步走"的发展战略：第一步，发射载人飞船，建成初步配套的试验性载人飞船工程，开展空间应用实验；第二步，突破航天员出舱活动技术、空间飞行器交会对接技术，发射空间实验室，解决有一定规模的、短期有人照料的空间应用问题；第三步，建造空间站，解决有较大规模的、长期有人照料的空间应用问题。中国载人航天工程"三步走"战略是一个从现实国情出发，极具中国特色且彰显中国智慧的战略设计，指引着中国载人航天工程向着星辰大海不断进发。

图1.16　中国载人航天工程

1999 年 11 月 20 日至 21 日，中国成功发射并回收第一艘无人试验飞船"神舟一号"，这标志中国载人飞船基本技术获得重大突破。2001 年 1 月 10 日至 16 日，中国成功发射并回收"神舟二号"航天飞船，它是中国第一艘正样无人飞船，顺利完成了预定空间科学技术试验任务。2002 年 3 月 25 日和 12 月 30 日，中国分别成功发射"神舟三号"以及"神舟四号"无人试验飞船。至此，中国航天人完成从"神舟一号"到"神舟四号"无人试验飞船的无人飞行任务，全面验证了各系统的功能与性能以及系统间接口的协调匹配性，健全完善了研制试验组织指挥体系和相关基础条件建设，为执行载人飞行任务提供了重要支撑。

2003 年 10 月 15 日，中国首次发射的"神舟五号"载人航天飞船将航天员杨利伟送入太空，实现了中华民族的千年飞天梦。2005 年 10 月 12 日，"神舟六号"载人航天飞船发射成功，实现了多人多天的飞行目标。至此，中国不仅掌握了载人天地往返技术，成为继俄罗斯和美国之后第三个具有独立开展载人航天活动能力的国家，而且实现了中国载人航天工程"第一步"任务目标。

2008 年 9 月 25 日，"神舟七号"载人航天飞船发射成功，航天员翟志刚于 2008 年 9 月 27 日进行出舱活动，顺利完成中国人首次太空行走，中国由此成为世界上第三个掌握空间出舱活动技术的国家。2011 年 9 月，目标飞行器"天宫一号"发射成功，这不仅标志着中国首个试验性空间实验室建成，也为建造中国载人空间站打下了扎实的基础。2011 年 11 月 1 日，"神舟八号"飞船与"天宫一号"首次交会对接，这标志着中国成为继俄罗斯、美国后第 3 个自主掌握交会对接的国家。2012 年 6 月 16 日发射的"神舟九号"载人航天飞船与"天宫一号"成功交会对接。2013 年 6 月 11 日发射的"神舟十号"载人航天飞船顺利完成了既定飞行任务。至此，我国对航天员出舱活动技术和空间交会对接技术的掌握以及空间实验室的建成，标志着中国载人航天工程"第二步"第一阶段任务顺利完成，为后继载人航天空间站的建设打下了重要的基础。

2013 年之后，中国航天人历经 3 年的精心准备，于 2016 年 9 月 15 日成功发射了载人航天科学空间实验室"天宫二号"，这标志着我国载人航天技术进入空间应用阶段。2016 年 10 月 17 日，中国成功发射"神舟十一号"载人航天飞船，并与"天宫二号"自动交会对接成功，航天员顺利进入"天宫二号"空间实验室并驻留 33 天，创造了中国航天员在太空驻留时间的新纪录，为完成中国载人航天工程"第二步"任务目标画上圆满的句号。

2020 年 5 月，"长征五号"B 运载火箭首飞成功，正式拉开我国载人航天工程"第三步"任务的序幕。2021 年 4 月 29 日，中国空间站天和核心舱发射任务取得圆满成功，标志着中国空间站在轨组装建造全面展开。2021 年 6 月 17 日，"神舟十二号"载人航天飞船发射成功，航天员进驻天和核心舱，创造了中国人首次进入中国空间站的历史。2021 年 10 月 16 日、2022 年 6 月 5 日以及 2022 年 11 月 29 日，中国分别成功发射"神舟十三号""神舟十四号""神舟十五号"载人航天飞船，圆满完成空间站在轨建设，中国载人航天工程全面迈入空间站时代。2023 年 5 月 30 日，"神舟十六号"载人航天飞船发射成功，这表明中国空间站进入应用与发展阶段的首次载人飞行任务顺利完成。

> 伟大的事业孕育伟大的精神。自中国实施载人航天工程以来，中国航天人不忘初心，牢记使命，不但创造了非凡的业绩，也铸就了"特别能吃苦、特别能战斗、特别能攻关、特别能奉献"的载人航天精神。载人航天精神不仅是"两弹一星"精神在新时期的发扬光大，也是中国科技强国建设的强大助推器和民族精神的宝贵财富。

除此之外，红旗渠精神、大庆精神、"两路"精神、青藏铁路精神、探月精神等伴随着新中国一路成长，反映出这个时代的精神烙印，经过不断地沉淀和锤炼，凝聚成中国工程人的强大力量，共同织就起中国工程精神谱系，为新时代我国建设工程强国和制造强国夯实了根基与底气。

中国工程精神是什么？需要在工程的具体探索和实践中去挖掘与提炼，在时代和历史的文化沉淀中去思考和总结，中国工程精神本质上，是一种国家兴亡、匹夫有责的爱国精神；是一种脚踏实地、敢为人先的实践精神；是一种艰苦奋斗、求真务实的创业精神；是一种精益求精、追求卓越的工匠精神；是一种敢于质疑、探本溯源的科学精神；是一种勇于开拓、善于集成的创新精神；是一种凝心聚力、众志成城的团队精神；是一种以人为本、厚德载物的人文精神。

1.5　本章小结

人类的工程活动与人类文明的发展密不可分，它不仅是人类最重要、最基本的社会活动方式，也是推动人类社会进步的有力推手。任何一项工程既是一个技术集成系统，又是一个由社会政治、经济、文化、不同阶层的利益相互交织的系统。一项工程是否具有可行性及其最终的成败不仅取决于技术因素，还取决于多种非技术因素。本章首先介绍了工程活动的演变，即工程活动经历了原始工程时期—古代工程时期—近代工程时期—现代工程时期四个时期；其次介绍了工程的含义和特点，阐述了工程与科学、技术、产业以及艺术的区别与联系，最后介绍了人类在长期的工程实践活动中所形成的工程精神，尤其是中国工程精神。

1.6　案例分析题

(1) 列举两个你认为最重要的人类工程成就并阐述理由。

(2) 阅读坎儿井案例，并进一步查阅资料，分析坎儿井的工程价值。

坎　儿　井

坎儿井，古称"井渠"，主要分布在新疆的吐鲁番和哈密等地区，总长度约 5000 千米。坎儿井是人们利用山体的自然坡度，将春夏季节渗入地下的大量雨水、冰川及积雪融水引出地表，以满足沙漠地区的生产、生活用水需求的水利灌溉工程。坎儿井通常有竖井、暗渠(地下渠道)、明渠(地面渠道)和涝坝(小型蓄水池)四个主要组成部分，如图 1.17 所示。

图 1.17 坎儿井图

通常，人们在高山雪水潜流处寻找水源，并以一定间隔建造深浅不等的几个到几百个竖井，离出水口最近的第一口竖井最浅，可仅为 1 米，在水源处挖掘的竖井最深，可达 120 米。竖井是开挖或清理坎儿井暗渠时，用于定位、运送地下泥沙或淤泥以及通风的通道。依照地势高低，在竖井底修通暗渠，沟通各井，引水下流，既防止了水量蒸发，又能保证水流不易被污染。暗渠的出水口与明渠相连接，将地下水引至地面灌溉桑田或者输送到涝坝。涝坝根据坎儿井的水量定期蓄水、集中灌溉，解决了人类生活用水和牲畜饮水。

坎儿井是吐鲁番和哈密等地区劳动人民巧妙利用、改造自然的典范，不仅成为干旱区的绿洲生命之源，也是中华民族井渠文化以及独特的民族历史文化的重要组成部分。

(3) 你如何理解"两弹一星"精神？请列举中国工程的精神谱系。

第 2 章

如何理解工程伦理

随着工程复杂性不断提升以及新兴技术应用的不确定性等因素，工程中所隐含的伦理道德问题日益凸显，成为决定工程成败的关键因素之一。

本章学习目标

(1) 理解和掌握道德、伦理的内涵及其相互关系。
(2) 理解不同的伦理立场和解决伦理困境的"中国探索"。
(3) 理解和掌握工程伦理的定义以及工程中的伦理问题。
(4) 掌握工程伦理问题处理的思路。

引例：怒江水电开发

怒江是一条中国西南地区的国际河流，该河流的中下游因其径流丰沛而稳定，落差大，水能资源丰富，成为我国尚待开发的水电能源基地之一，如图 2.1 所示。

图 2.1　怒江

2003 年 8 月，国家发展和改革委员会通过了由云南省制订完成的《怒江中下游水电规划报告》。该规划报告制定了以怒江中下游松塔和马吉为龙头水库，丙中洛、鹿马登、福贡、碧江、亚碧罗、泸水、六库、石头寨、赛格、岩桑树和光坡等梯级组成的"两库十三级"开发方案。该方案中全梯级总装机容量 2132 万千瓦，比三峡大坝的装机容量多 300 万千瓦，年发电量 1029.6 亿千瓦。该规划报告一出，拉开了长达十余年关于怒江水电开发争论的帷幕，怒江水电开发也由此成为环保与发展争议的标志性事件，被外界视为中国乃至全世界水利开发受制于环保因素的典型案例。

在这个案例中，支持方认为我国水资源丰富，但是其利用率低下，大量使用煤炭发电对我国的可持续发展带来严重隐患。而怒江水电开发具有径流量大、搬迁人口和淹没土地少、开发任务单一、开发成本低等特点。同时，怒江流域的少数民族群众生存环境恶劣，贫困人口多。怒江水电开发可以改变该地区群众"靠山吃山，靠水吃水"的境况，成为该地区发展致富的重要途径。按照规划报告，怒江中下游共开发 13 个梯级电站，总投资896.5 亿元，可带来 40 多万个长期就业机会，电力行业不但会成为地方新兴的支柱产业，同时也带动地方建材，交通等第二、三产业的发展，促进财政增收，实现资源开发和环境保护双赢。

反对方认为怒江是我国相对完整的原生态江河，怒江水电开发会破坏当地的地理奇观和自然景观，改变自然河流的水文、地貌及河流生态的完整性和真实性，影响作为世界自然遗产的地质、地貌和生物多样性、珍稀濒危物种的生存以及自然美学价值，破坏怒江地区多民族聚居的独特地方民族文化，影响怒江的旅游业以及由怒江水电开发所产生的移民问题的解决。

2013 年 1 月，国务院办公厅印发《能源发展"十二五"规划》，该规划将怒江松塔水电基地列入重点开工建设项目，怒江干流六库、马吉、亚碧罗、赛格等项目则被列入有序启动项目中。至此，怒江水电开发由"两库十三级"调整为"一库四级"。

思考：

(1) 一个规划中的水电开发工程何以引发如此广泛的争论？

(2) 当人们从事工程活动过程中，会面临哪些工程伦理问题？如何解决这些问题？

2.1　道德与伦理

2.1.1　道德的内涵

道德与伦理

道德的概念可追溯到中国古代思想家老子的《道德经》。老子说："道生之，德畜之，物形之，器成之。是以万物莫不尊道而贵德。道之尊，德之贵，夫莫之命而常自然。"这里"道"是指自然规律，"德"是指优良的品性。"道德"是万物生长的源泉。

古汉字的"道"如图 2.2(a)所示，从古汉字的"道"可以看出，左右两边的笔画构成一个"行"字，表示四通八达的大道，中间部分代表一个人在大道中行走。因此，所谓"道"

最初是指由此达彼的道路，道是有方向的，人循道而行才不会迷失方向以抵达目的地，后引申为正确的规则。

古汉字的"德"字如图 2.2(b)所示，甲骨文的"德"字外框是"行"字形，中间有个眼睛，眼睛上部有个指示方向的"丨"，表示直，这个字表明人行走时眼睛必须直视前方，才能行得正，走得直。金文的"德"在此基础上添加"心"字，表示目正，心正，才算德。篆文"德"字由"心""彳""直"三个部分组成，表明心行一致即是德。东汉刘熙对"德"的解释是："德者，得也，得事宜也"，意思是说"德"就是把人与人之间的关系处理得合适，使自己和他人都有所得。许慎在《说文解字》中对德解释为，"德，外得于人，内得于己也。"即以善德施于他人，使他人各得其所，以善念存诸心中，使善念各得其所。

金文　　　　　　甲骨文　　　　金文　　　篆文
(a)"道"字　　　　　　　　　　　　(b)"德"字

图 2.2　古汉字"道"与"德"

在汉语中，"道"是人们对必然性、合理性和正当性的认识、理解以及在此基础上形成的观念与实践，即对应然性的理解与把握；"德"是人们在认识、理解和实践"道"的基础上形成的良好修养与德行。在中国传统文化中，道德被理解为在人们对"道"的认识与实践基础上形成的"德行"，即内在品质。因此，道德被通常是指符合社会公德的个人思想行为的规范准则。道德是一种意识形态，凝聚了人类的价值理想，体现了人类的尊严和需求，它根植于人的内心，左右着人的行为，决定了人们待人接物的方式。

2.1.2　伦理的内涵

"伦理"最初见于《礼记·乐记》中的"凡音者，生于人心者也；乐者，通伦理者也。是故知声而不知音者，禽兽是也；知音而不知乐者，众庶是也。唯君子为能知乐。"其意思是指任何乐曲必有韵律，也就是音调要有条理，否则杂乱无章，就谈不上好听了。人与人之间的关系亦是如此，人际和谐，也可类比于有"条理"，只是和谐包含着人的主观意识，更多地取决于人自身的道德自律。

许慎在《说文解字》中指出："伦，从人，辈也明道也；理，从玉，沿玉也。""伦理"的"伦"既指"类"或"辈"，又指"条理"或"次序"，凡是秩序都称其"伦"。"理"的本义是"治玉"，即顺着玉石的纹路把玉从石中雕琢出来，后引申为做事的规则和道理。

在中国传统文化中，伦理主要是指血缘亲属之间的礼仪关系和行为规范，后引申为处理人伦关系的道理或规则，即在人伦天然秩序中蕴含的道理。例如，在《尚书·舜典》中就提出在家庭关系中应当父义、母慈、兄友、弟恭、子孝，而且要有相应的礼规维系家庭的伦理秩序。孟子提出的"五伦说"，即父子有亲、君臣有义、夫妇有别、长幼有序、朋友有信，表明了父子、君臣、夫妇、兄弟、朋友等关系应当遵循一定的道理和准则。因此，伦理相对于道德而言，是指在人与人交往中形成的人际关系，以及群体处理这些关系时共同认定的行为规范准则。伦理本质上是一种应然性关系或有序关系，内蕴规范性要求。

中国传统伦理思想产生于距今约三千年的西周时期。西周初年，以周公为代表的奴隶主贵族，提出了以"敬德保民"为核心的一系列道德规范，主张"孝""友""恭""信"，强调道德的社会作用，其目的是维护宗法等级制度。春秋战国时期是中国伦理思想发展的高峰期。以儒家思想为代表的伦理思想，形成了封建社会维系社会稳定、协调人伦关系的思想基础。儒家伦理思想的精髓"仁义礼智信"千百年来深入人心，对社会文明发展的积极意义一直延续至今。儒家主张重义轻利，提倡"正其谊不谋其利；明其道不计其功""君子喻于义，小人喻于利"。儒家思想中的义利观，体现了人性中"善"的本质。

2.1.3　道德与伦理的关系

1. 道德和伦理的联系

道德和伦理都是被用来描述人在行为活动中养成的习惯品质，都以向善为追求目标，并以此对人们行为的对错，个体品质的善恶进行判断和表达，在一定程度上能够调节社会成员之间的相互关系。

伦理是道德形成和发展的基本前提和客观依据，道德深植于客观的伦理关系之中，是伦理的具体体现，伦生理，理成道，道化德。有学者指出："伦理旨在为人类文明和社会发展提供良好秩序，而道德则使科学发展和人民幸福成为可能。"

2. 道德和伦理的区别

道德和伦理的区别如表 2.1 所示。

表 2.1　道德和伦理的区别

区别内容	道　德	伦　理
约束对象或主体	突出个人因为遵循规则而具有"德性"，主要体现为追求利益的个体与自我良知的对话	突出人与人之间的关系所遵循的规范，主要体现为个体之间的民主性对话，从而达成利益关系上的共识
特性	自律性、独特性、个体性、主观性	他律性、普遍性、社会性、客观性
价值核心	道德的核心是德性与善，其本质是个体心灵秩序的完善和追求，呈现出对自我价值追求的个体性差异	伦理的核心是正当，其本质是社会成员的公平与正义，着眼于社会利益和整体秩序的协调、稳定和持续发展
演变过程	人们长期遵循一定的风俗习惯所形成的个人品性和德行	一定区域的人们在长期互动中形成对风俗习惯和伦常秩序的公共意识和规则
示例	孝是中国人的传统美德，其本身是一种道德行为，子女对父母尽孝道则是一种伦理	

2.2　伦理立场与伦理困境

2.2.1　不同的伦理立场

从古到今，人们不断探索和争论什么事情"应当"做，什么事情"不应当"做，即如何正当行事，这就形成了不同的伦理立场。

1. 功利论

1) 功利论的主要观点

功利论，亦称为后果论或者效益论。春秋末期战国初期思想家墨子以功利言善，是早期功利主义的重要代表。宋代思想家陈亮主张"功到成处，便是有德"，叶适进一步发展陈亮的功利主义思想，在重视个人合理私利的基础上，提倡为天下兴利。

功利论认为，一种行为如果有助于增进幸福，就是正确的，否则是错误的。这意味着幸福不仅涉及到行为的当事人，也涉及到受该行为影响的每一个人，其最好的结果就是达到"最大的善"。因此，功利论聚焦于行为的后果"善"，并以此判断该行为是不是符合伦理。功利论的观点如图 2.3 所示。

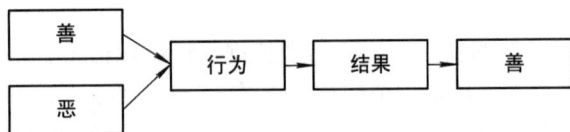

图 2.3　功利论的观点

2) 功利论的原则

(1) 根据行为的后果衡量行为的善与恶，无论行为的动机正确与否，只要有好的效果，就是正确的。这体现了实用哲学。

(2) 判断是非的标准是大多数人是否能够获得最大的幸福。这体现了博爱的思想。

(3) 追求个人幸福应顾及社会大众的幸福。这体现了民主精神。

3) 功利论在工程中的应用

在工程实践中，功利论是人们探讨工程伦理问题最普通采取的立场，比如将公众的安全、健康和福祉放在首位是大多数工程伦理规范的核心原则，功利论是解释这个核心原则最直接的方式。在工程决策中，成本效益分析法是功利论的一个具体应用，它能够帮助决策者在结果和行为之间进行权衡以便最大限度地获得效用。

2. 义务论

1) 义务论的主要观点

义务论，亦称"道义论"，是指人的行为必须遵守道德原则和规范，从而实现个人对社会(包括他人)应尽的义务。义务论体现了人们主观上的自觉意识和内心的自发要求。义务论的观点如图 2.4 所示。

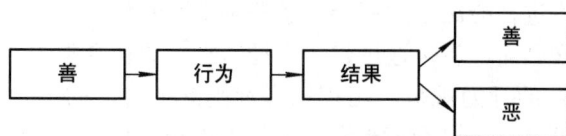

图 2.4　义务论的观点

中国的义务论可以追溯到西周时期，来源于宗教信仰，应用于政治实践。当时的伦理思想家周公利用人们普遍信奉的天命观，将宗教、道德、政治联为一体，提出了"以德配天""敬德保民"的政治伦理思想，认为统治者担负着"保民"的道德义务。同时，统治者出于维护宗法等级秩序的需要，把宗法等级制度称为"礼"，并对民众提出了"孝"和"忠"的道德义务要求。礼既是道德规范的基础，又通过道德规范来规定和表现。例如，春秋时期的儒家思想倡导"取义成仁"，不能"趋利忘义"，认为"君子喻于义，小人喻于利"。《荀子·修身》指出："人无礼则不生，事无礼则不成，国家无礼则不宁。"荀子认为"礼"对社会非常重要，提出了以"礼"为核心的道德规范体系。

2) 义务论的原则

(1) 义务论强调道义和责任，注重行为本身是否遵循道德规范，不关心行为的后果。

(2) 义务论认为任何人只能作为目的本身，而不应当成为他人达到目的的手段。

(3) 义务论以维护社会整体利益为出发点，强调群体利益高于或先于个人利益，并把遵守道德规范作为评价个体行为是否正当的依据。

3) 义务论在工程中的应用

义务论关注人们行为的动机，工程师在工程活动中做出选择的动机是否合乎道德要求是义务论在工程实践中的体现。

3. 契约论

1) 契约论的主要观点

契约是指双方或多方共同协议订立的有关买卖、抵押、租赁等关系的文书。契约论以订立契约为核心，把个人行为的动机和规范看作是一种社会契约，指导人们按照契约行动。例如，中国传统文化强调"义利相兼，以义为先"的价值理念。

2) 契约论的原则

当代契约论的代表人物、美国学者罗尔斯提出以正义作为基本的道德原则，提出了正义伦理学的两个基本原则，即个人自由和人人平等的"自由原则"以及机会均等和惠顾最少数不利者的"差异原则"。

所谓自由原则，是指一种免除某种限制，平等分配人们的基本权利和义务的原则。自由作为一项权利，对于每个公民而言是平等的，这也是人的道德人格所决定的。人的道德人格具有两个特点：一是有能力获得善的观念，二是有能力获得正义感。

所谓差异原则是指调节社会和经济利益的原则。这种调节无法做到完全平等，只能保证机会的平等。为了保证所有人都能平等地获取机会，就需要以公正为准则，通过制度的制定实现机会平等。

3) 契约论在工程中的应用

实际上，传统风俗和行为习惯正是经过不同形式的社会契约不断发展而形成的伦理规范。契约论思想对于推进社会民主进程起到了非常重要的作用。例如，工程伦理最初作为工程师职业道德行为守则而产生，通过建立于经验之上的社会契约达成理性的共识并将其制度化，成为具体行业的行为规范。工程伦理准则既把公众的安全、健康和福利放在首位，同时也认同工程师有追求自身正当利益的基本权利，从而成为约束工程师在工程活动中的价值判断与行为取向的一种契约。

4. 德性论

1) 德性论的主要观点

德性论亦称为美德论。所谓美德是指能够给人带来积极力量的事物。德性论所讨论的主要问题是：道德上完美的人是什么样子，人如何实现道德完美。

在中国传统伦理思想中，孔子认为"仁"属于人的内在品德，立足于"仁"的观念，提出了孝悌、忠信、智勇、中庸、礼义、温、良、恭、俭、让、宽、敏、惠、刚、毅等以反映人的品德状况，把具备完美德性的人称为"仁人"或"君子"，与此相反的人称为"小人"。孟子认为："仁也者，人也"（《孟子·尽心下》），即人人都有"不虑而知"的"良知"和"不学而能"的"良能"，良知、良能合起来就是良心。儒家经典《礼记·大学》提出"明明德""亲民""止于至善"的"三纲领"和"格物""致知""诚意""正心""修身""齐家""治国""平天下"的"八条目"，成为德性论的代表作。

2) 德性论的原则

(1) 美德是人的一贯做法体现出的行为特征，这种行为特征可以由低到高进行评价，至少应该有善与恶的评价。

(2) 美德的最低限度是不故意伤害人。

3) 德性论在工程中的应用

在工程活动中，职业规范和标准规定了工程师什么应该做，什么不应该做，美德成为促进工程师追求卓越，达到职业标准的精神动力。

功利论、义务论、契约论这三种伦理立场主要以"行为"为中心，关注的是"我应该如何行动"，德性论是以"行为者"为中心，关注的是"我应该成为什么样的人"。相比之下，功利论、义务论、契约论都制定了较为严格的道德标准，具有一定的执行力，而德性论焦点集中在行为者本身，执行力相对较弱，特别是在指导群体决策等方面效果不佳。

功利论、义务论、契约论、德性论的主要区别如表 2.2 所示。

表 2.2　功利论、义务论、契约论、德性论的主要区别

功 利 论	义 务 论	契 约 论	德 性 论
道德评价对象为"结果"，强调行为产生的结果是善的，并努力寻求幸福最大化	道德评价对象为"行为本身"，强调行为本身应当符合规范	道德评价对象为"程序的合理性"，强调达成契约共识之后，应按照契约行动	道德评价对象为"行动者"，关注"我应该成为什么样的人"，强调行动者个人的品质

2.2.2 伦理困境的解决之道——社会主义核心价值观

伦理困境的解决之道

1. 伦理困境

不同的伦理立场从不同的角度出发，对"什么是正当的行为"有各自的理解。功利论遵循"为最多的人提供最大利益"的原则，但忽视了社会公正问题；义务论认为人是目的，不是工具，但义务论无法解决多重义务之间的冲突问题；契约论提出人们按照契约行动，但没有解决多种权利冲突时的伦理问题；德性论从塑造个人品质出发，履行角色所赋予的品格，但每个人都承担多个角色，如父母、子女、员工、社会公民等，不同角色所承担的责任不同，德性论无法指导人们当角色责任发生冲突时应采用怎样的行为方式。不同的伦理立场没有考虑到价值标准的多元化以及人类生活本身的复杂性，这使得人们在具体的实践情境之下常常陷入道德判断和抉择的两难困境，这种困境被称为伦理困境。

伦理困境的存在一方面说明大多数人在面对道德判断和抉择时，都会对道德和公平公正进行评估；另一方面也表明没有一种普遍适用的伦理准则能够解决每一个实际应用情景，人们需在一个有限的道德选择和伦理行为的范围内，通过道德慎思为自己的伦理行为划分优先顺序，审慎地思考和处理伦理关系，更好地履行伦理责任。

2. 社会主义核心价值观

我国倡导的社会主义核心价值观——富强、民主、文明、和谐，自由、平等、公正、法治，爱国、敬业、诚信、友善，承载着中华民族的精神追求，是最持久、最深层的力量；体现着一个社会判断是非曲直的价值标准。社会主义核心价值观是每一个公民在社会生活中应尽的义务和责任，为人们解决伦理困境提供了一个指导性的解决方案。

1) 国家层面

"富强、民主、文明、和谐"是社会主义核心价值观在国家层面上的价值取向，体现了国家作为伦理共同体的目标价值，为广大人民谋福祉，是对功利论的拓展。

"富强"和"文明"是中华民族立于世界民族之林、实现中华民族伟大复兴的基本前提。"富强"和"文明"绝不以牺牲多数人利益为代价来保护少数人的利益，充分反映和协调各方面的意愿和利益。

"民主"和"和谐"体现了中国特色社会主义的核心价值追求。"民主"和"和谐"坚持以人为本的核心理念，让物质文明、政治文明、精神文明、生态文明和制度文明有机统一；坚持开放包容的创新姿态，将古今中外一切优秀文明成果兼收并蓄；坚持天人合一、协和万邦、和而不同。

2) 社会层面

"自由、平等、公正、法治"是社会主义核心价值观在社会层面上的价值取向，是人们对美好社会的生动表述，是契约论的一种诠释。"自由、平等、公正、法治"既契合了中国特色社会主义的发展要求，又承接了中华优秀传统文化和人类文明优秀成果。

"自由"与"平等"是现代社会调整社会关系的基本尺度，"自由"与"平等"不只是追求物质生活的改善，更重要的是保证人民充分享有发展自我、实现自我的机会，能够实现公平行使社会权利、履行社会义务、分享社会成果，政治上平等参与、经济上共同富裕、文化上共建共享。

"公正"是捍卫权利的天平，是衡量社会发展的价值准绳。一个社会的公正应当体现在经济、政治、法律等社会生活的各个领域、各个层次和各个方面。社会主义核心价值观的"公正"不只是强调机会平等和程序正义的公正，而是兼顾结果正义，即以最广大人民的根本利益作为出发点和落脚点，在社会发展过程中尽最大努力实现人民的愿望、满足人民的需要、维护人民的根本利益。

"法治"是社会和谐的基石，是实现社会公正的有效保障。社会主义核心价值观的"法治"坚持党的领导、人民当家作主、依法治国的有机统一，让法治成为国家长治久安、社会安定有序、人民安居乐业的坚强柱石。

3) 个人层面

"爱国、敬业、诚信、友善"是社会主义核心价值观在个人层面上的价值取向，是公民的基本道德规范，体现了义务论和美德论。

"爱国"本质上是对于国家的认同，主要包括民族认同、历史认同、制度认同和文化认同，"爱国"就是要增强国家和民族的凝聚力，这是民族精神的核心。

"敬业"是爱国在社会生活中的实现和表达，是职业道德的灵魂，为个人安身立命奠定基础。"敬业"就是要增强事业心和责任感，追求崇高的职业理想，激发积极进取的奋斗热情，秉持认真负责的职业态度，锻造严谨细致的工作作风，为社会发展进步注入活力。

"诚信"是公民道德的基石，是做人做事的道德底线。"人而无信，不知其可也。"失去诚信，个人就会失去立身之本，社会就会失去运行之轨。

"友善"是爱心的外化。善待亲人以构建和谐家庭关系，善待他人以构建和谐人际关系，善待万物以形成和谐自然生态。

社会主义核心价值观为国家、社会以及个人的发展提供了价值导向和精神动力，是功利论、义务论、契约论和德性论等不同伦理立场的综合与升华。

2.3 工程伦理问题

2.3.1 工程伦理的定义

人类的吃、穿、住、行等日常生活依赖于工程的成果——人工造物，这种造物活动既可以把工程看作由人、物料、设备、能源、技术、资金、管理等要素构成的系统，也可将工程本身看成一个要素，与外部的自然、经济、政治、文化、社会、伦理等要素共同构成一个大系统。只有当工程与外部环境构成的大系统内的各个要素处于协调状态时，造物活动才可能顺利实施。然而，在具体的工程实践中，人们发现工程活动不可避免地会被打上工程人员个人价值观和个人喜好的烙印，工程的结果往往事与愿违。因此，人们期望通过一种约束条件来降低工程活动给人类造成的损害，工程伦理应运而生。由此可见，工程其本身带有伦理问题，这些伦理问题是工程活动固有的组成部分。

工程伦理(Engineering Ethics)以工程活动中的社会伦理关系和工程主体的行为规范为研究对象，规定从事工程活动的人们在工程项目的全寿命周期中必须遵守工程与人、工程与社会、工程与环境之间关系的伦理道德原则和规范。

2.3.2　工程伦理问题的类型

工程是人类将技术要素、经济要素、社会要素、自然要素和伦理要素等多种要素有效地集成构建起来，以达到一定目的的实践活动。将伦理作为一个维度运用到其他要素中，工程伦理问题便形成为技术伦理、利益伦理、责任伦理以及环境伦理等四个伦理问题。

1. 技术伦理问题

生产力作为推动社会发展和变革的决定性力量，其所包含的技术因素发挥着重要的作用，由此衍生出各种技术观。

1) 技术工具论

自然界为人类提供了大量的物质基础和生活资料，人类必须通过工具来获得这些物质资料。技术工具论(Technological Instrumentalism)认为技术是一种达到目的的手段或工具，其本身是中性的，仅仅是一个工具而已，技术是否对人类造成伤害取决于使用它的人。

在人类社会发展的早期，技术作为人类与自然界沟通的中介和桥梁，是人类实现目的的工具和手段。这个时期，技术的工具理性已经能够达到预期效果，呈现出正面的作用和效应，但其所包含的价值负载被掩盖。随着人类改造自然和控制自然的能力不断提高，技术的力量被无限放大，人们对技术的依赖性越来越强，特别是新兴技术的发展使人类开始重新审视技术的工具性。

2) 技术决定论

技术决定论(Technological Determinism)认为技术是一种体现其自身特定价值且相对独立的社会力量，不以人的主观意识为转移。技术决定论强调了技术的自主性和独立性，认为技术是不受人控制的。庄子《天地篇》："有机械者必有机事，有机事者必有机心。机心存于胸中，则纯白不备；纯白不备，则神生不定；神生不定者，道之所不载也。"就表达了技术决定论的观点。

技术决定论否定了技术伦理的存在，认为技术创造出一种完全独立的技术道德，技术不存在风险，因为它可以解决自身所带来的风险。工程技术的发展不会受到外界社会尤其是伦理道德的控制，这成为了人们逃避应承担的伦理责任的借口和辩护依据。

3) 技术建构论

技术建构论(Technological Constructivism)认为技术活动由经济利益、文化背景、价值取向和权力格局等社会因素决定，社会是技术的载体，技术活动的本质是社会活动，技术的发展始于社会的应用需求，终于对社会的服务。技术建构论力图揭示蕴涵于技术世界中的社会因素、人造技术与社会互动中产生的作用以及在技术与社会的互动中形成的技术价值负载。

无论何种技术观点，都表明了技术是一把"双刃剑"，即技术本身也具有破坏性。马克思曾对科学技术的负面作用做出精辟的论述：机器具有减少人类劳动和使劳动更有成效的神奇力量，然而却引起了饥饿和过度的疲劳。财富的新源泉，由于某些奇怪的、不可思议的魔力而变成贫困的源泉。技术的胜利，似乎是以道德的败坏为代价换来的。因此，工程中技术的运用和发展离不开道德评判和干预，技术的运用只有受到人类价值的控制、人文精神的约束以及人类理智、情感乃至常识的制约，技术才能真正成为促进人类幸福的力量。

2. 利益伦理问题

工程将资金、技术、人力、物力等资源在特定的时空点聚集，工程所带来的利益分配已经嵌入在工程目标之中。工程活动中的利益关系分为工程内部和工程外部两个方面。工程内部的利益关系主要发生在工程活动各主体之间，工程外部的利益关系主要是指工程与外部社会环境、自然环境之间的利益关系。工程活动利益主体如图 2.5 所示。例如，企业在产品开发和生产过程中，企业按照人们的购买能力确定哪些人群能够首先享受工程产品或服务，或者确定人们享受工程产品或服务的顺序，并将人群划分为首要关注对象、次要关注对象和辐射人群。人群的划分直接影响产品以及服务在人群中的分配格局，即通过产品的价格配置资源，这样就把没有购买力的人群排除在工程之外。因此，工程中的利益分配决定了工程服务于特定的人群，不可能服务于所有人。

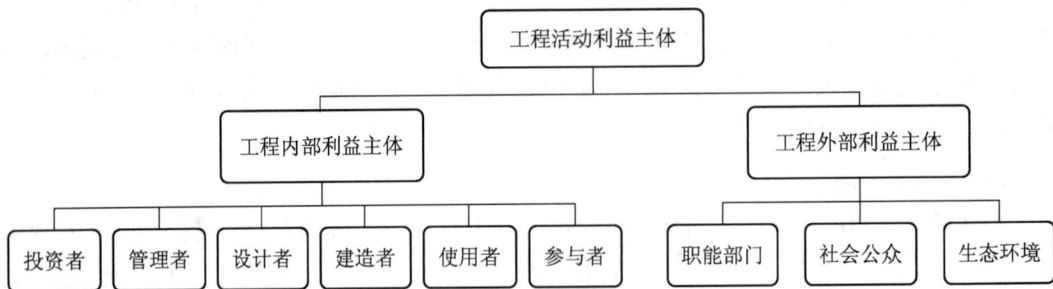

图 2.5　工程活动利益主体

如果在工程的设计、建设、运营和管理的各个流程活动中，与工程相关的各个利益主体为了追逐各自利益的最大化，往往会忽视伦理、道德的约束，这使得其他相关利益主体或工程本身发生损失成为可能。因此，通过工程活动平衡好各方利益，在争取实现效益最大化的同时，协调好各方利益，兼顾效益与公平两个方面，成为了工程中的利益伦理问题需着力解决的核心问题，同时也是衡量工程实践活动好坏的重要标准。

3. 责任伦理问题

1) 责任的概念

通常，"责任"一词蕴含三重含义：其一，担当某种职务和职责；其二，分内应做的事；其三，做不好分内应做的事应该承担过失。首先，担当某种职务和职责是行为主体自愿选择的一种"应然"，具有非义务性和非强制性。其次，分内应做的事表明行为主体的责任被赋予强制性，必须做出行为选择以回应外部要求，是一种"必然"。如果行为主体违反或未履行好分内应做的事，则应该承担过失。因此，责任的核心意义是行为主体要对自身行为负责，是一种自觉自愿选择的"应然"，也是一种回应外部要求的"必然"。

责任按照不同的划分标准可分为不同类型，如表 2.3 所示。

表 2.3　责任的不同类型

划分的标准	类　型
时间先后顺序	事后责任：对已经发生的事件造成的不良后果进行事后的追究； 事前责任：在事情没发生之前，以未来的行动为导向，出于某种自觉而采取的必要行动。事前责任是一种预防性责任或主动性责任，具有前瞻性
责任的主体	个体责任：以个体作为责任对象承担责任； 组织责任：以集体作为责任对象承担责任
责任的指向	自我责任：努力发展个人自身才能，是对自我价值的肯定； 社会责任：个体在社会分工中应承担的责任，是对其社会价值的肯定
责任的内容	经济责任：行为主体在经济领域以经济合同或协议等形式规定的责任； 法律责任：行为主体按照法律规定对行为主体活动义务加以要求，并明示行为主体应当承担的责任； 道德责任：行为主体以道德情感为基础主动承担的责任

不同类型的责任都包含六个要素：① 责任人，就是责任的承担者，可以是个人或者群体；② 对什么事负责；③ 对什么人负责；④ 会面临的指责和潜在的处罚；⑤ 具有规范性的准则；⑥ 在某个相关的行为和责任领域范围之内确定责任。因此，"责任"可以定义为个体或组织分内应做的事情或因过失而受到的处罚。

2) 工程伦理责任

工程伦理责任是指与工程相关的各利益主体应当在伦理道德约束下从事工程活动，以及利益主体因违背伦理道德约束而应当受到惩处。工程伦理责任是一种以伦理为导向的责任标准。在这种标准下，承担工程伦理责任的行为主体不仅要对可预见的后果负责，也要对工程所带来的不确定性后果担负责任。

工程伦理责任不同于法律责任。法律责任是指行为主体如果在工程活动中发生违法行为，应该承担的法律后果。法律责任强调"事后责任"，依靠国家机关来强制执行，具有强制性。工程伦理责任属于"事前责任"和"事后责任"兼具的责任，具有前瞻性和预见性，即行为主体依靠内在信念和良知，预测工程可能发生的结果并采取必要的行动，以及事故发生之后能否最大限度保护公众的生命财产安全。因此，工程伦理责任要高于法律责任，法律责任是工程伦理责任的最低要求。

工程伦理责任不同于职业责任。职业责任是工程行为主体在履行本职工作的时候，应该尽到的岗位责任或者角色责任。工程伦理责任则是行为主体为了社会和公众利益，需要承担维护公平正义等伦理原则的责任。因此，工程伦理责任一般来说要重于职业责任。

4. 环境伦理问题

1) 环境的定义

生态环境是指影响人类生存和发展的所有生物与其周边环境之间的相互关系和生存状态。《中华人民共和国环境保护法》第二条明确指出：环境是影响人类生存和发展的各种天然的和经过人工改造的自然因素的总体，包括大气、水、海洋、土地、矿藏、森林、草原、湿地、野生生物、自然遗迹、人文遗迹、自然保护区、风景名胜区、城市和乡村等。

2) 环境的类型

环境是一个复杂多变的系统，按照人类对其影响和改造的程度，可分为原生环境和次生环境。

(1) 原生环境。又称为第一类环境，指天然形成的，未受人类影响的自然环境。原生环境是完全按照自然规律发展和演变的，例如极地、高山、沙漠、原始森林等。

(2) 次生环境。又称为第二类环境，是指由于人类社会生产活动，导致原生环境的改变所形成的环境，是原生环境演变的一种人工生态环境。例如，耕地、种植园、鱼塘、工业园区、城镇、牧场等。

3) 环境问题

环境问题是指因自然因素或人为因素引起的环境质量变化或环境结构的损毁，这种变化或损毁直接或间接地影响人类的生存和发展。环境问题产生的实质是由于人类在社会发展中的不自觉行为导致环境向不利于人类生存和发展的方向转变。

环境问题分为原生环境问题和次生环境问题。原生环境问题(第一类环境问题)是指由自然因素引发的环境和生态的破坏。例如，地震、海啸、洪水、飓风等。次生环境问题(第二类环境问题)是指由人类的生产、生活活动引发的生态破坏和环境污染，会危及人类的生存和发展。例如，工业生产造成的空气污染、水体污染、固体废弃物污染等。

原生环境问题和次生环境问题常常彼此交叠、相互影响，如人类过度开采石油引发地震，大量排放二氧化碳加剧温室效应等。

4) 环境伦理核心问题

人类生存发展的过程是人类不断与生态环境进行相互交换的过程，人类的工程实践活动与生态环境的关系既是一种生产关系，也是一种伦理关系。工程中环境伦理主要涉及两个核心问题，即自然的价值和自然的权利。

(1) 自然的价值。自然的价值概括起来可以分为两大类，一是工具价值，二是内在价值。工具价值是指自然对人的可用性。内在价值是自然事物本身所固有的属性之一，无关乎人类的存在。如果人类承认自然具有内在价值，人类和自然之间就形成了一种伦理关系，将自然纳入到伦理关怀的范畴对其进行理性的评价，并在开发利用自然时秉持一种理性和谨慎的态度。人类通过对自然的伦理关怀，约束自己行为，就不会对自然界无所顾忌的掠夺或者资源消耗。

(2) 自然的权利。当人类承认自然具有内在的价值属性，就意味着人类认可自然拥有了需要尊重其内在价值的权利。所谓自然的权利主要是指自然界存在的权利以及自然界当中各种生物物种持续生存的权利。例如，一条河流的内在价值可以通过连续性、完整性以及生态功能展现出来。人类为了尊重这条河流的内在价值，既要保证该河流的基本水量，不过度掠夺，还要保证干净的水质，稳定的河道以及健康的流域生态系统。

过去，追求工程的优劣只考虑项目与经济的关系而忽视工程与生态环境之间的关系为常态，正是这种以牺牲生态环境为代价换取暂时的眼前利益的行为使生态环境日益恶化。因此，从人与自然协同进化的观点来看，人类承认自然的权利，也就承认人类对自然的道德责任。人类应该主动承担自己应尽的生态职责，构建人与自然生命共同体，敬畏、尊重、顺应和保护自然，从而促进自然生态系统的健康和持续发展。

2.4　工程伦理问题的处理思路

人们判断是否妥善解决工程伦理问题时一是判断工程是否合法，二是判断工程是否合规。人们在工程合法、合规的基础之上，结合专业价值以及公众利益等因素进行综合考量，形成的处理工程伦理问题的常规思路如图 2.6 所示。

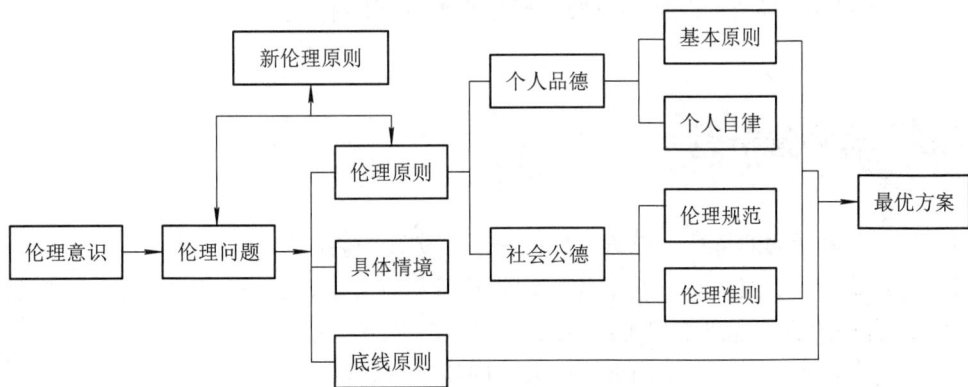

图 2.6　处理工程伦理问题的基本思路

1. 培养工程主体的伦理意识

许多伦理问题是由于工程主体缺乏必要的伦理意识造成的，伦理意识是解决伦理问题的第一步。伦理意识不是与生俱来的，而是工程主体通过后天系统的理论学习和工程实践逐渐培养起来的。培养工程主体的伦理意识，就是要增强工程从业者对于工程伦理问题的敏感性，增强工程从业者理解、重视工程实践当中各种伦理问题的自觉性和能动性。

2. 伦理原则、底线原则与具体情境相结合，获取工程实践中伦理问题的解决之道

伦理原则包括处理工程伦理问题的以人为本、社会公正以及人与自然和谐发展三大原则(见 3.2 节)。底线原则即为不伤害原则，不伤害自己、他人以及生态环境。具体情境是指不同的工程领域具有不同的背景和条件，这些背景和条件的组合造就了不同工程领域各自

所特有的工程伦理问题。对于每一位工程主体而言，将伦理原则、底线原则与具体情境相结合，合理汲取不同伦理立场的合理之处，听取多方意见，恰当地处理各种伦理关系，获取解决伦理问题的最优方案。

3. 及时修正相关伦理准则和规范

伦理准则和规范是一个逐步形成的过程，随着时间和具体情境的变化以及工程实践中遇到的伦理问题，需要不断地修正和完善伦理准则和规范。

2.5 本章小结

工程是技术要素和非技术要素的集成系统，在工程决策、设计、建造、使用以及结束等环节中都涉及到政治、经济、文化、道德、生态等多种非技术的因素，还不可避免地内涵了工程人员的个人价值观和个人喜好，关系到自然环境、社会发展和公众生命，因此工程活动就产生了伦理问题。本章首先阐述道德、伦理的内涵及其相互关系；然后阐述了不同的伦理立场和伦理困境以及解决伦理困境的"中国探索"——社会主义核心价值观，最后介绍了工程伦理的定义、不同类型的工程伦理问题，包含技术伦理问题、利益伦理问题、责任伦理问题和环境伦理问题以及处理工程伦理问题的思路。

2.6 案例分析题

(1) 结合工程活动的特点，思考为什么在工程实践中会出现伦理问题？

(2) 结合功利论、义务论、契约论、德性论等伦理立场，思考如何从这些不同的伦理立场中汲取合理的成分解决工程实践中出现的伦理问题。

(3) 阅读福特平托(Ford Pinto)事件始末，回答以下问题：

① 作为福特汽车公司，当涉及公众安全问题时，采用成本效益分析方法是否合乎伦理？

② 假设你是福特汽车公司的一名工程师，你发现平托汽车存在质量问题并及时向你的上级领导汇报该情况，但领导没有采纳你的意见，你接下来应该怎么做？

③ 针对该案例，从功利论、义务论、契约论和德性论等伦理立场分析主要涉及的利益相关者以及他们各自面临的伦理困境。

④ 一个企业是否应该承担比法律更严苛的道德义务，为什么？

福特平托(Ford Pinto)事件始末

为了抗衡当时德国汽车和日本汽车在美国市场的攻势，福特汽车公司于1971年生产出一款超小型轿车——福特平托车。福特平托车一经问世，以其车身小巧、价格便宜、外观时尚和油耗低的特点，迅速成为一款流行大众车型，如图2.7所示。

图 2.7 福特平托车

1972 年，13 岁的理查德·格林萧乘坐邻居驾驶的福特平托汽车回家，原本正常行驶的汽车突然减速并停止，不幸被后车追尾，随后福特平托汽车油箱发生爆炸，导致车身起火，驾驶员当场死亡，格林萧虽然保住了生命，但是身体的严重烧伤面积达 90%。自这次事故之后的 6 年里，格林萧先后接受了 60 多次手术治疗以修补被毁坏的面容和其他损伤。

调查事实后发现，福特平托轿车存在油箱设计缺陷，即安装的油箱离汽车后保险杠和后轴太近，且油箱下沿低于汽车后轴，如遇到追尾事故，差速齿轮箱托架的螺栓头可能会划破油箱，导致油箱起火甚至爆炸，引发严重事故。福特公司在平托车型设计期间曾经进行过一系列的碰撞试验，试验结果清晰地表明：如果发生碰撞，汽车内部会充满从爆炸油箱流出的汽油而引发汽车车身起火。而这一缺陷也确实导致了几起平托车驾乘者在遭遇车祸时被烧伤、烧死的惨剧。

在第一批平托车投放市场之前，福特公司的两名工程师曾经明确地提出为油箱安装防震保护装置，每辆车因此需要增加 11 美元的成本。但福特公司经过计算发现如果生产 1100 万辆家用轿车和 150 万辆卡车，增加该附加装置需花费 1.375 亿美元。假设有 180 辆平托车的车主因事故导致死亡，180 位车主被烧伤，2100 辆汽车被烧毁。依据当时普遍判例，福特公司将可能赔偿每个死者 20 万美元，每位烧伤者 67 000 美元，每辆汽车损失费 700 美元。因此，福特公司在不安装附加安全设施的情况下，可能的最大支出仅为 4953 万美元，这与安装油箱保护装置所要花费的 1.375 亿美元相比，节省了近 1 亿美元的成本。因此，福特公司决定隐瞒平托汽车的缺陷，至少在两年之内不打算安装该附加装置。

这一调查证据一经披露，激怒了陪审团，陪审团将惩罚性赔偿定为 1.25 亿美元，并认为即使给予这一数额的赔偿也并不意味着是对福特汽车公司无视消费者生命安全的惩罚。美国加州桑塔阿纳法庭在判决时没有采纳陪审团的决议，法官将惩罚性赔偿减至 350 万美元。最终 350 万美元的惩罚性赔偿判决得到核准，这一事件也成了产品责任法的一个典型判例。

从 1977 年 8 月 11 日，美国国家公路交通安全局开展为期 9 个多月的调查并确定了平托车的燃料系统确实存在缺陷。最终，福特公司在 1978 年召回 150 万辆平托车，根据福特公司的估计，这次召回产生的花费不到 4500 万美元，远远低于当初修复每辆车的费用，但平托车的声誉已经无法挽回，1981 年，平托车永久退出了汽车市场。

(4) 根据引例——怒江水电开发，查阅资料，回答以下问题：

① 怒江水电开发中面临着哪些复杂的伦理问题或伦理困境？

② 作为怒江水电开发的决策者，需要考虑哪些因素和环节？

③ 作为怒江水电开发工程师，你在怒江水电开发过程中发现会对当地的生态环境造成一定的破坏，你将如何进行伦理选择和伦理决策？

④ 重大的工程实施应该如何处理经济社会发展和环境保护之间的关系？

第2篇
实 践 篇

第3章

如何造就好工程

工程实践既是应用科学和技术改造物质世界的自然实践，也是改进社会生活和调整利益关系的社会实践，因此面临着多重风险：一是利用技术建造人工物的质量和安全风险；二是工程应用于社会所导致的部分群体利益冲突和受损的风险；三是多种技术集成后应用于自然界所带来的环境风险。如何规避风险，成为造就好工程的关键所在。

本章学习目标

(1) 理解和掌握工程风险的定义、特点和来源。
(2) 理解做好工程的伦理原则。
(3) 掌握造就好工程的要求。

引例："7·23"甬温线特别重大铁路交通事故

甬温线是一条长 282.38 千米、运行速度为 250 千米/每小时的双线电气化铁路。2011 年 7 月 23 日 20 时 30 分 05 秒，北京至福州的 D301 次列车与杭州开往福州的 D3115 次列车在甬温线上发生追尾事故，导致 D301 次列车第 1 至 4 节车厢从高架桥上坠落，D3115 次列车第 15、16 节车厢损毁严重。这次事故共造成 40 人死亡，172 人受伤，中断行车 32 小时 35 分，直接经济损失 19 371.65 万元，成为中国高铁开通运营以来最严重的一起铁路事故，如图 3.1 所示。

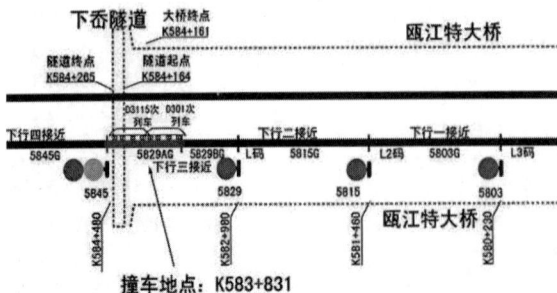
(a)

(b)

图 3.1 "7·23"甬温线特别重大铁路交通事故示意图

　　2011 年 7 月 23 日 19 时 30 分左右，温州南站区域的雷电活动异常强烈，雷击导致温州南站 LKD2-T1 型列控中心设备采集驱动单元采集电路电源回路中的保险管 F2 发生熔断。由于中国高铁采用"自动闭塞系统"，即把一条线路分成多个闭塞区，分区交界处设有信号灯，当某一闭塞区间内有车时，其后的第一个信号灯为红灯，告知后方的司机前方闭塞分区有车占用，要立即停车；第二个信号灯为黄灯，表明前方有一个闭塞分区空闲，要减速；第三个信号灯为黄绿灯，表明前方两个闭塞分区空闲，要司机注意准备减速；第四个信号灯为绿灯，表示前方至少有三个分区空闲，列车可按规定速度运行。F2 熔断导致无论轨道上是否有车，所有区间信号灯都将错误地按照熔断前无车占用的绿色状态来指示。与此同时，雷击还造成 5829AG 轨道电路与列控中心通信出现故障，5829AG 轨道电路发码异常，这使得在温州南站计算机联锁终端显示 5829AG 区段接近"红光带"(图 3.1(a)所示)，从而触发列车超速防护系统自动制动功能，D3115 次列车制动滑行并停车。此时，D301 次列车在没有收到前方有 D3115 次列车的提醒下，从永嘉站出发，驶向温州南站，从而最终导致"7·23"甬温线特别重大铁路交通事故的发生。

　　2011 年 12 月 28 日，国家安全生产监督管理总局网站发布《"7·23"甬温线特别重大铁路交通事故调查报告》，事故被认定为是一起列控中心设备存在严重设计缺陷、上道使用审查把关不严、雷击导致设备故障后应急处置不力等因素造成的责任事故。在该事故中，从通信设备供应商，到铁路局调度所，再到电务部门，均负有不可推卸的责任。铁道部、通信信号集团公司、通信信号研究设计院、上海铁路局等单位 54 名责任人员受到党纪、政纪甚至法律的严肃处理。

　　思考：

　　(1) 人们在从事工程活动中，应该如何正确认识工程风险？

　　(2) 工程活动中的各个利益主体在工程风险中分别应该负有哪些伦理责任？

3.1　工程风险的内涵及来源

3.1.1　工程风险的定义与特点

1. 工程风险的定义

　　工程风险是指诸如自然、经济、政治、工程技术、人为等不确定性因素可能引发的工程事件或工程事故，其会对人们的健康、生命财产、社会以及生态环境等产生不利影响或负面影响。

　　工程风险 R 可以用函数的形式表示为

$$R = \sum_{i=1}^{n} r_i = \sum_{i=1}^{n} p_i \cdot c_i$$

其中：r_i 表示具体事件 i 的风险；p_i 表示具体事件 i 发生风险的概率；c_i 表示具体事件 i 所产生的损害后果。

　　工程活动是具有内在风险的实践活动。由于工程系统受到内、外因素的干扰，工程系统可能会趋于不稳定，从有序状态变化到无序状态，而无序状态则存在风险隐患，因此，绝对安全的工程是不存在的。

2. 工程风险的特点

工程风险的特点可概括为 3 个方面。

1) 客观存在性

由于工程系统内部和外部总是存在各种不确定性因素，如设备的老化、工程主体责任心的缺失、对知识的认知不足等，无论工程规范制定得多么完善和严格，工程风险发生概率为零的工程几乎不存在。这说明工程风险具有客观存在性。

2) 主观建构性

工程活动本身是人的实践活动，客观的工程风险可以在人的主观层面上感知到且这种感知存在一定的差异性。例如，对于 PX(对二甲苯)项目，专家认为 PX 项目中对二甲苯属于低毒类化学物质，但该物质是生产塑料制品、纺织服装等日用产品的主要有机化工原料，而国内 PX 产能远远不能满足生产需求，因此鼓励并支持 PX 项目的兴建。而公众则认为 PX 项目危害公众健康，造成环境污染，从而在多个地区的 PX 项目规划和建设中组织开展抗议和抵制行动。

3) 不确定性

在工程活动中，工程的目标三要素——质量、成本以及工期会受到工程活动的不确定性影响，导致工程风险发生的时间、导致的后果和程度不确定。例如，2016 年 11 月，某电厂扩建工程发生冷却塔施工平台坍塌特大事故，事故持续 24 秒，造成 73 人死亡、2 人受伤，直接经济损失为 10 197.2 万元。造成这起事故的原因是工程建设单位在未经论证、评估的情况下压缩工期，施工单位在 7 号冷却塔第 50 节筒壁混凝土强度不足的情况下，违规拆除第 50 节模板，致使第 50 节筒壁混凝土失去模板支护，不足以承受上部荷载，造成第 50 节及以上筒壁混凝土和模架体系沿圆周方向向两侧连续倾塌坠落，这导致在施工平台及平桥上的作业人员随同筒壁混凝土及模架体系一起坠落，坠落物对与筒壁内侧连接的平桥附着拉索产生冲击，导致平桥晃动、倾斜，最终整体倒塌，致使 7 号冷却塔部分已完工工程受损。

3.1.2　工程风险的来源

工程是一个复杂系统，工程风险存在于工程的整个生命周期中，引发工程风险的因素是多种多样的，本书从人、机、料、法、环五个方面分析工程风险的来源。

1. 人的因素

工程包含计划、设计、实施、使用和结束等多个环节，所有环节都离不开人的参与，因此人为因素成为产生工程风险的一个重要来源。例如，1986 年发生的切尔诺贝利核事故就是由于管理人员的麻痹大意，安全人员与操作人员沟通不足以及操作人员违规操作，致使核电站的第 4 号核反应堆在进行半烘烤实验中突然失火，引起爆炸。事故导致 8 吨多强辐射物质泄露，俄罗斯、白俄罗斯和乌克兰等许多地区遭到核辐射的污染。

2. 机的因素

所谓机的因素是指设备存在质量问题或设备维护保养不当等状况导致工程风险发生。例如，2023 年 10 月某小区发生一起电梯坠落事故，造成 4 人死亡、16 人受伤，直接经济损失 784.259 万元。当事故电梯从上端站向下行驶过程中，对重反绳轮滚动轴承因疲劳剥落失效，出现卡死或卡紧现象，对重反绳轮把力矩传递到其轴上，使轴两侧止挡板各有一个螺栓剪切断裂，导致止挡板轴向定位失效。6 根曳引钢丝绳从对重反绳轮轴端(轿厢侧)与对重上横梁之间脱出并与对重分离，对重坠落底坑。轿厢失去对重牵引后，在距离 1 楼地坎约 10 米的高度以自由落体的方式加速坠落。在轿厢坠落过程中，限速器下行机械动作失效，未能提拉安全钳，导致安全钳未制停轿厢，轿厢最终坠落底坑，其事故示意图如图 3.2 所示。

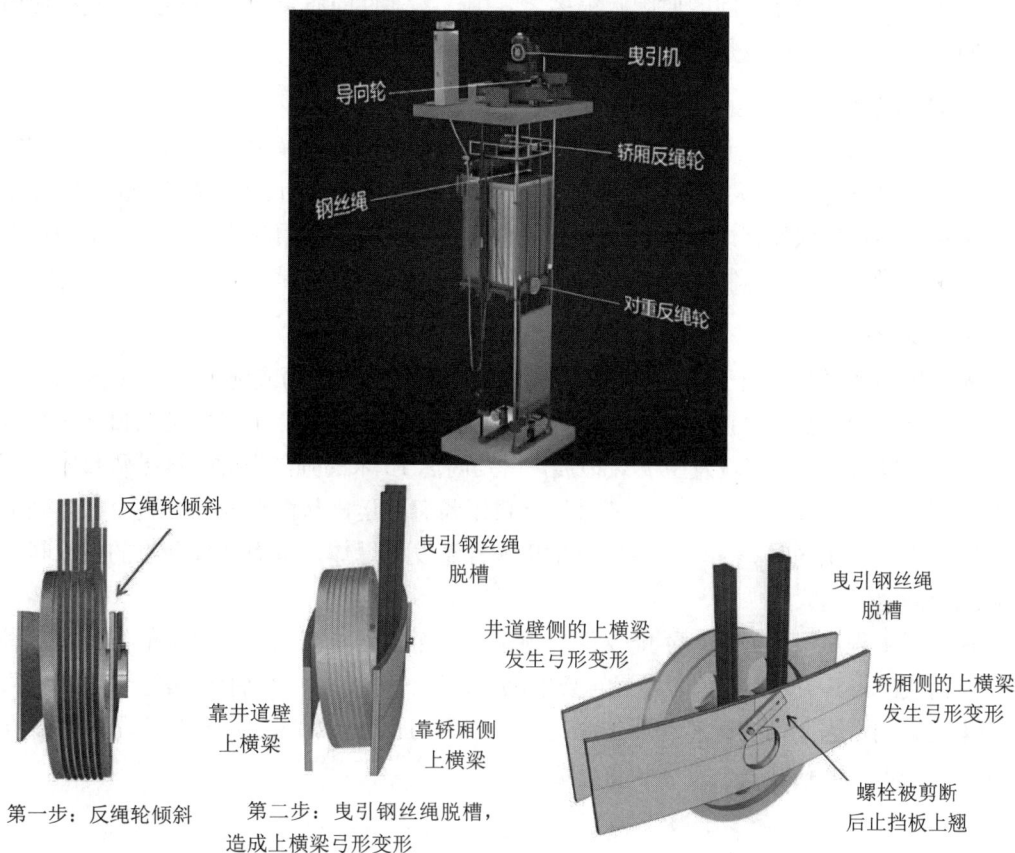

图 3.2　曳引钢丝绳脱槽，造成上横梁变形示意图

造成电梯坠落事故的原因主要有以下三个方面：

(1) 维护保养单位未按照安全技术规范要求对事故电梯进行实质性维保。

维保人员在对事故电梯进行维保时弄虚作假，既未发现对重反绳轮轴承疲劳磨损、限速器下行棘爪拉簧变形、上行超速保护装置的触发装置未安装等事故隐患，也没有对限速器进行润滑、清洁，造成限速器锈蚀，并堆积大量灰尘。

(2) 使用单位主体责任不落实。

使用单位安全主体责任缺失，安全管理制度不完善，电梯安全责任制不健全，电梯安全管理人员缺乏必要的安全教育和技能培训，未履行对电梯维保过程和结果进行监督和确认的职责，放任维保人员弄虚作假行为，导致事故隐患未及时发现和消除。

(3) 检验机构未按规定进行检验。

电梯检验机构对电梯维保和使用单位落实相关责任、自主确定设备安全等工作质量判定失实，对部分检验项目未开展实质性检验，出具的检验报告结论严重失实，未能发现和消除事故隐患。

3. 料的因素

所谓料的因素是指建造用的原材料、零部件因性能、质量等问题导致产生工程风险。例如，汽车产品召回是一种解决汽车产品缺陷的机制，这对于保障公众人身、财产安全具有重要的作用。汽车产品召回的原因有很多，其中，零部件的质量问题将导致车辆在使用一段时间后出现故障，这也是汽车产品召回的主要原因之一。

4. 法的因素

所谓法的因素是指设计方案、生产工艺、操作流程的不当等引发的工程风险。例如，"7·23"甬温线特别重大铁路交通事故就是由于列车控制中心设备存在严重的设计缺陷，设备采集电路发生保险管熔断导致后续时段轨道实际上有车占用状态时，列控中心设备仍按照无车占用状态进行控制输出，造成严重的动车追尾事故。

5. 环的因素

所谓环的因素是指由于外部环境(如气候条件、自然灾害等)或施工环境(如施工地点的温度、湿度、清洁状况等)引发的工程风险。例如，2011 年 3 月 11 日发生的日本福岛核电站事故。日本的东北部海域发生 9 级地震，引发高达 10 米的强烈海啸，这导致日本东京电力公司下属的福岛核电站一、二、三号运行机组紧急停运，从而造成当时整个核电站的外部电源和内部电源同时失灵，导致核电站迅速升温发生爆炸，进而造成严重的核原料、核废料的泄漏。

在分析工程风险来源时，不能仅仅局限于某一个因素，因为工程风险的发生是多种因素交织而成的，其中，人的因素是最重要的因素，机、料、法、环各因素都会受到"人"这一因素的影响。因此，工程活动要加强对人的因素的管理，如对工程相关人员进行安全教育和技能培训，增强其安全意识和责任心。

3.2 做好工程的伦理原则

3.2.1 以人为本原则

以人为本原则是人们处理工程与人之间关系的一项基本原则。该原则是工程伦理观的核心，强调人不是手段而是目的这一伦理思想。"以人为本"是春秋时期思想家管仲提出的。《管子·霸业》认为："夫霸王之所始也，以人为本。本理则国固"。孔子的"泛爱众，而亲仁""仁者爱人"和"仁者，人也"等思想，都是以人为本的体现。孔子的论述不仅主张广施爱心，还揭示了人的本质，把现实生活中的人放在价值判断的首位，强调人的尊严并尊重他人。因此，坚持以人为本，贯彻以人民为中心的发展思想，促进社会全面进步和人的全面发展，让人民群众的获得感、幸福感、安全感更加充实、更有保障、更可持续，是构建社会主义和谐社会的重要内容。

以人为本应尊重人的生存权，要保障工程活动的安全性，将公众的健康、安全和福祉置于首位，并贯彻到工程活动的始终，尽可能避免工程给人类造成伤害。不伤害人类既是对工程最基本的要求，也是工程主体应遵从的伦理底线。

以人为本原则体现了一切工程活动的出发点和落脚点始终是人，体现了工程主体对社会公众的关爱和尊重，对人类利益的关心，对人类社会可持续性发展的关注。

3.2.2　社会公正原则

社会公正原则是人们处理工程与社会之间关系的一项基本原则，是指以制度的方式确认社会中的每个成员从工程结果中获得其应得的资源、利益和机会。该原则体现了充分尊重每个社会成员对社会的基本贡献以及享有平等的价值与普遍尊严，并有权决定自己的最佳利益。

工程作为一个集成了科学技术、经济管理、生态等各方面要素的人造物，其资源和利益的分配是工程活动中的重要环节。由于各利益群体在工程活动中所处的位置不同，所掌握的信息不对等，其处理应对工程风险后果的能力存在差异，从而当在面对工程风险所带来的后果时，各个利益群体从自身利益出发，互相指责，推诿责任，最终的工程风险承担者则可能是该群体中最弱势的部分，从而产生社会不公正现象，影响社会的稳定。因此，在工程的全生命周期中，社会公正以不侵犯他人权益为界限，保证社会成员具有相同的基本权利，摒弃先赋性的因素(如特权、身份等级)等不公正因素的影响，保证每个社会成员拥有平等竞争的条件，享有大致相同的基本发展机会。

在具体工程行动中，建立相关者的利益协调机制，需要兼顾强势群体与弱势群体、主流文化与边缘文化、利益受益者与利益受损者、直接利益相关者与间接利益相关者等各方的利益诉求以及兼顾工程对不同群体的身心健康以及未来发展等方面的影响。重视公众对工程信息的及时了解，尊重当事人的知情同意权，让公众参与到工程实践的决策和实施的全过程。

3.2.3　人与自然和谐发展原则

人与自然和谐发展原则是人们处理工程与自然关系的一项基本原则。工程活动往往依托于一定的社会环境和生态环境。一方面，在实践过程中会受到环境的制约，另一方面，工程实践也会对社会环境和生态环境造成影响。因此，要想做到人与自然的和谐发展，人们要认识到工程活动不是满足所有人的所有需要，而是主要满足以社会公众为主题的有限需要。人类在开发利用自然资源的同时，应珍爱自然，顺应自然，维护生态平衡。

首先，人类要遵从自然规律，其中包括物理定律、化学定律等规律，因为这些规律具有相对确定的因果性。例如，建筑物如果不符合力学原理就会倒塌；化工厂排污不得当，就会引起环境污染。

其次，人类要遵从自然的生态规律。生态规律具有长期性和复杂性，大型水利工程、垃圾填埋厂对水系生态系统和土壤生态系统的影响和破坏，往往需要若干年后才得以显现，其破坏更为深远，后果也更难以挽回。

3.3　造就好工程的要求

3.3.1　保障公众的安全与健康

1. 构建安全文化

"天地之性人为贵"，首先，安全文化应体现以人为本的理念，将公众的安全、健康和福祉放在首位，尊重公众的生命权和生存权。其次，安全文化应体现按科学规律办事的思想，有效划分安全等级，严格遵守安全生产和质量管控规范。最后，安全文化要体现强烈的责任意识，通过建立健全质量岗位责任制，明确职责分工，把安全责任落实到位。

例如，《城市轨道交通地下工程建设风险管理规范》(GB 50562—2011)坚持"安全第一、保护环境、预防为主"的原则，采取经济、可行、主动的处置措施来减少或降低风险。该规范将风险发生的频率分为频繁的、可能的、偶尔的、罕见的和不可能的 5 个等级。按照风险损失的严重性也分为了 5 个等级，分别是灾难性的、非常严重的、严重的、需考虑的和可忽略的。按照工程风险可能导致的人员类型和数量，分别为工程建设人员和第三方人员设置了 5 个等级，分别是死亡(失踪)人员超过 10 人以上、死亡(失踪)人员 3～9 人或重伤 10 人以上、死亡(失踪)人员 1～2 人或重伤 2～9 人、重伤 1 人或轻伤 2～10 人、轻伤 1 人；第三方人员分别是死亡(含失踪)人员超过 1 人以上、重伤 2～9 人以上、重伤 1 人、轻伤 2～10 人、轻伤 1 人。按照环境影响程度划分了 5 个等级，分别为涉及范围非常大，周边生态环境发生严重污染或破坏、涉及范围非常大，周边生态环境发生较重污染或破坏、涉及范围非常大，周边生态环境发生污染或破坏、涉及范围小，邻近区生态环境发生轻度污染或破坏、涉及范围非常小，施工区生态环境发生少量污染或破坏。此外，按照工程本身、工期延误和社会影响等方面进行等级划分。最后综合起来按照风险发生的可能性和风险损失，将工程建设风险分为四个等级。针对不同的风险程度采取不同的风险处置原则和控制方案，接受准则分为四个等级，分别是Ⅰ级不可接受、Ⅱ级不愿接受、Ⅲ级可接受和Ⅳ级可忽略，对应的处置原则分别对应是Ⅰ级必须采取风险控制措施降低风险，至少应将风险降低至可接受或不愿接受的水平、Ⅱ级应实施风险管理降低风险，且风险降低的所需成本不应高于风险发生后的损失、Ⅲ级宜实施风险管理，可采取风险管理措施、Ⅳ级可实施风险管理。

2. 重视工程质量

工程质量是决定工程成败的关键。没有质量作为前提，就没有投资效益和社会信誉。中国古代的许多工程，历经数百年、数千年而不衰，就是因为重视质量。

■ **案例**

江西赣州福寿沟

福寿沟位于江西省赣州市，是赣州古城的一个防洪排涝系统，主沟全长 12.6 公里。福寿沟于北宋熙宁年间(1068—1077)由时任知州的水利专家刘彝根据街道布局和地形特点，采取分区排水的原则，主持建设两个排水干道系统，因其布局走向貌似篆书的"福寿"二字，故名"福寿沟"，如图 3.3 所示。

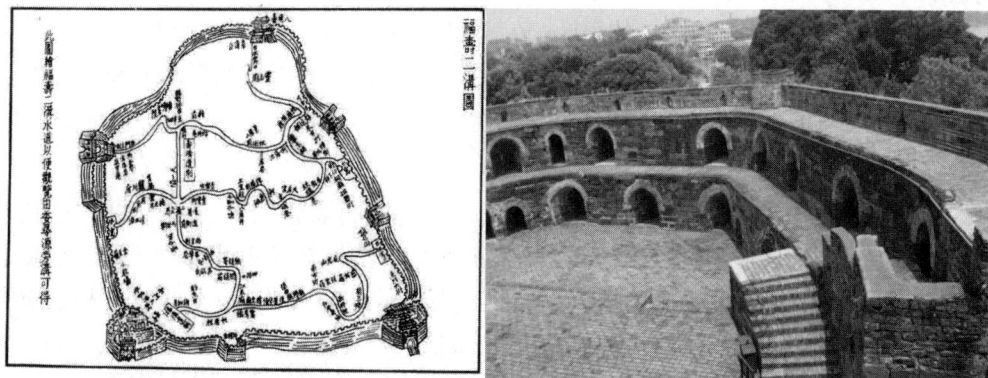

图 3.3　江西赣州福寿沟

福寿沟主要由四部分组成：一是地下排水沟。通过改造 12.6 公里长的沟渠，把明沟改为暗沟，沟渠沿途设置篦子(铜钱状的排水孔)、度龙桥、沉井、狮子扒等水利构件；二是城外防洪墙。老城区古城墙以及建春门、涌金门、北门 3 座防洪闸至今仍发挥着重要的防洪作用；三是地面池塘。城内建有凤凰池、金鱼池、嘶马池以及大、小水塘 84 口，池塘有调蓄城内径流的作用，是福寿沟排水系统的重要组成部分；四是水窗。福寿沟建有 12 个防止江水倒灌的水窗，利用地势高差，连通城内坑塘水系蓄洪，当河水位高于出水口时，利用河水的压力将水窗关闭，阻挡河水倒灌。当洪水消退，水位低于出水口时，利用沟中的水流将水窗冲开排涝。

福寿沟作为国内唯一至今仍在使用的古代城市排水系统，比巴黎排水系统、东京排水系统分别早了 800 多年和 900 多年，它集通、集、运、滤、蓄、排为一体，蕴含着古人巧妙的设计和无穷的智慧，为世界防洪体系提供中国方案，贡献了中国智慧，成为世界城市建设的典范。福寿沟之所以至今造福市民，与当时科学的设计和精心的建造是分不开的，体现了中国古代人们重质量、有良心、负责任的工程精神，因此，福寿沟被誉为"一颗跳动千年的城市良心"。

当前，工程质量可通过工程质量监理制度加以保证。该制度是专门针对工程质量而设置的一项制度，它是保障工程安全的一道有力防线。工程质量监理会对施工全过程进行检查、监督和管理，消除影响工程质量的各种不利因素，使工程项目符合合同、图纸、技术规范和质量标准等方面的要求。

3. 着眼细节

在巴西亚马孙河流域的雨林里的一只蝴蝶偶尔扇动几下翅膀，就带动身旁的空气产生十分微弱的风，而这些微弱的风又带动了它们身边的空气，产生了更大范围的风，由此延续下去，最终传递到美国德克萨斯州演变成一场巨大的龙卷风，这就是所谓的"蝴蝶效应"。

"蝴蝶效应"告诉我们，事物发展之初的任何微弱变化和偏差，都会对最终结果产生极为严重的影响。著名水利学家张光斗曾经说过："问题可能就出在一个不合格的螺丝钉上。"螺丝钉虽小，也能酿成重大的质量和安全事故。因此，工程风险无小事，正如古人云：祸患积于忽微。例如，1957 年建设的武汉长江大桥每天的汽车通行量已由五十年前的数千辆上升到如今的近 10 万辆，大桥的荷载早已超过了建成之初。武汉长江大桥经受了无数次洪水、狂风的洗礼，70 多次的撞击，依然稳定性良好。武汉长江大桥之所以有这样的质量，就是因为其在修建时所有建筑材料都按照严格的甄选标准进行甄选，对大桥的每一个细节，乃至铆合的铆钉都一一做了检验。

4. 守正创新

守正创新包括守正与创新两个方面。"正"即正道，是事物的本质和规律。"守正"就是继承人类所创造和积累的文明成果，坚守正道，坚持按规律办事。"创新"即改变旧的、创造新的。守正与创新共生互补，辩证统一地揭示出马克思主义认识世界和改造世界的原则、方法，"守正"是创新的活力源泉和动力根基，只有守正，才能不迷失方向、不犯颠覆性错误。只有创新才能把握时代、引领时代。守正创新要求科技人员向善而行，塑造科技向善的文化理念，自觉遵守伦理规范，坚守伦理底线。

■ **案例**

北斗卫星导航系统

北斗卫星导航系统是我国着眼于国家安全和经济社会发展需要，自主建设运行的全球卫星导航系统，并为全球用户提供全天候、全天时、高精度的定位、导航和授时服务的国家重要时空基础设施。

1994 年，世界首个全球卫星导航系统 GPS 全面建成。正是在这一年，我国面对国外的技术封锁，国内的部件厂家尚未成熟的境况下，以先祖们用于识别方向的"北斗星"命名，开始独立自主研制卫星导航系统，走上探索适合自身国情的卫星导航系统发展道路。

2000 年末，"北斗一号"的两颗卫星发射升空，这标志着我国卫星导航实现从无到有的突破。然而由于两颗卫星提供的定位数据实时性差、信号不隐蔽以及定位频度受限，使得各种急需卫星导航的飞行器无法使用北斗。谢澍霖作为第一批全程参与"北斗一号"工程的老专家带领团队，从"北斗一号"定位的实际测量元素进行分析，创新性地提出了利用铷钟实现由用户机自主解算的想法。在没有先例可参考、没有实验可依据的情况下，北斗研制人员克服了人力和技术上的种种困难，终于完成了一部可以接收卫星信号并解算用户所处位置的连续导航用户机，让卫星导航成为可能。

2007 年 4 月 14 日，中国成功发射第一颗"北斗二号"导航卫星，2012 年 10 月 25 日，第 16 颗北斗导航卫星成功发射，这标志着北斗卫星导航系统拥有了覆盖亚太大部分地区的服务能力。2017 年 11 月 5 日，中国成功发射两颗"北斗三号"导航卫星，开启北斗卫星导航系统全球组网的新时代，2020 年 6 月 23 日，第 55 颗北斗导航卫星在西昌卫星发射中心发射，如图 3.4 所示。至此，"北斗三号"30 颗导航卫星全部发射完毕，标志着北斗卫星导航系统具备向全球开通导航服务的能力。

图 3.4 "北斗三号"最后一颗全球组网卫星在西昌卫星发射中心点火升空

北斗卫星导航系统的建设走出了一条具有中国特色的"先区域、后全球"的发展路径，丰富了世界卫星导航事业的发展模式。目前，全世界一半以上的国家开始使用北斗系统，全球范围实测定位精度水平方向优于 2.5 米，垂直方向优于 5.0 米；测速精度优于 0.2 米/秒，授时精度优于 20 纳秒，系统连续性提升至 99.998%，在交通运输、农林渔业、水文监测、气象测报、通信授时、电力调度、救灾减灾、公共安全等领域北斗卫星导航系统均得到了广泛应用，产生了显著的经济效益和社会效益。

北斗七星自古以来就是为人们指引方向、分辨四季、标定时刻的天文坐标，也是中华民族几千年来自立自强、辛勤劳作的标志和象征。"北斗人"经过几代人风雨兼程、集智攻关，终于首获占"频"之胜、攻克无"钟"之困、消除缺"芯"之忧、破解布"站"之难，走出了一条自主创新的发展道路，凝结出"自主创新、开放融合、万众一心、追求卓越"的新时代北斗精神。

5. 预警与应急处置

工程风险可以通过有效的设计以及对过程的有效控制进行预防。但无论设计、建造、使用和监管多么负责任，也没有百分之百完美的工程，这是由工程本身的不确定性导致的。风险事件一旦触发，安全事故的发生几乎不可避免。因此，及时有效地发布预警，工程相关方提前做好准备，尽可能避免或减少风险事件带来的损失。例如，建立工程预警系统，设定安全阈值，一旦系统超过阈值即可报警。

工程系统发生预警，一套完善的事故应急预案可以保证当事故发生后能迅速、有序地开展应急与救援行动，从而降低人员伤亡和经济损失，而不是等到事故发生之后才临时组织相关力量进行救援。

建立预警机制，制定事故应急预案应遵循以下基本原则。

1) 预防为主，防治结合

工程事故的发生具有不确定性，在平时，一方面要加强社会安全教育、防灾教育和应急演练，培训救援队伍，提升公众的防灾、安全意识和自救能力；另一方面要加强安全隐患的排查，强化日常监督管理。事故发生后要及时总结，完善安全制度，强化安全管理，预防同类事故的发生。

2) 快速响应，积极面对

事故发生后，应在第一时间做出反应，最大程度减少二次伤亡。专业应急处理人员应及时到位，鼓励民间的救援组织和志愿者有序参与救援行动，积极开展自救。

3) 以人为本，生命第一

把人的生命健康权放在首位，尽一切力量挽救生命。

4) 统一指挥，协同联动

参与救援的部门和人员要听从救援指挥部门的统一指挥和领导，有效调动人力、物力和财力，开展及时有效的救援，把损失降到最低。

例如，某大桥于 2007 年 8 月 13 日发生垮塌，导致 64 人遇难，22 人受伤，直接经济损失 3974.7 万元。事故发生后，省委、省政府及时明确责任分工，紧急部署搜救工作，并要求迅速调集各种力量，全力以赴搜救遇险人员。在省州县三级的调度下，迅速集结了省、州、县党政机关工作人员、公安、交警、武警、消防、民兵、医务人员等 2000 多人的救援队伍，动用救援机械 100 多台(套)，全力抢救受伤人员、运送遇难人员、搜救失踪人员。同时，通过制订合理的药品、设备使用计划，及时调度药品器械，对河水定时采样化验，并利用通报、电视等形式及时将化验结果向社会公布，确保医疗救治和疾病预防控制。大桥坍塌发生后，先后有 60 多家新闻媒体前来现场采访，其中有个别媒体恶意炒作，混淆视听，误导舆论。对此，省州县宣传部门果断采取有力措施，牢牢把握舆论主动权，为事故成功处置营造了良好的舆论氛围。在党中央、国务院的高度重视和省委、省政府的正确领导下，在国家有关部委和省直相关部门以及社会各界的共同努力和大力支持下，经过 123 小时的连续奋战，于 8 月 18 日晚上 19 点 40 分，大桥坍塌事故搜救工作结束。整个事故处置工作反应迅速、决策得当、措施有力、配合密切，实现了在危急关头有条不紊、人心稳定，社会秩序井然，搜救工作顺利开展，赢得了伤员和死难者家属的普遍认可，取得了社会各界和广大群众的充分理解。

3.3.2　协调好各方利益

工程的目的是为人类的生存和发展创造福祉，公正、合理地分配工程活动带来的利益和资源，平衡好各方利益，造福于大多数民众，是工程中的利益伦理所要解决的重要问题之一，这关乎社会的公正与公平。本节以邻避效应为例，说明如何平衡好各方利益，共享工程成果。

1. 邻避效应定义

邻避效应(Not in My Backyard，NIMBY)是指当地居民或单位因为担心邻避设施对身体健康、资产价值以及环境质量等带来负面影响，而产生"不要建在我家后院"的邻避心理，进而采取强烈而坚决的，甚至高度情绪化的集体反对和抗争行为。

邻避效应反映了邻避设施的公益性、重要性以及建设的必要性一般被公众认可，但邻避设施所造成的负面影响却只由设施附近居民承担，这导致设施附近居民心理上产生自己的利益被剥夺的隔阂，"大家受益，为什么受损者偏偏是我"成为邻避冲突中抗争居民要求的焦点，他们的态度是："这些设施确实应该建设，但不要建在我的后院。"邻避效应如果处理不好，不仅会影响工程的进度，也会影响社会的稳定和团结。

2. 邻避设施及种类

邻避设施是指能够使大多数人获益，但是对设施附近的居民身体健康、资产价值以及环境质量产生负面影响的设施。邻避设施主要包含三类，如表 3.1 所示。

表 3.1　邻避设施分类

设施类型	具体设施示例
能源类	核能发电厂、火力发电厂、炼油厂、石化工厂等
废弃物处理类	垃圾焚烧处理厂、污水处理厂、核能废料处理厂、危险废物焚化炉等
社会类	精神病院、殡仪馆、火葬场、戒毒中心、监狱、墓地等

3. 邻避效应解决机制

1) 健全完善邻避效应防控制度体系

通过建立邻避效应的相关法规，邻避项目的规划、选址、设计、决策、实施等相关流程要做到有据可行，明确邻避项目中政府、兴建方、社区居民的权责和义务，建立健全邻避项目听证制度、评估制度、公众监督机制、公众信访制度、民意回应制度、环评制度等一系列邻避效应防控制度。

2) 完善沟通渠道，提升公众的有效参与度

公众对邻避设施的认知程度以及可接受水平受到政治、经济、文化等多种因素的制约，从而形成不同的意识形态。由于邻避项目本身存在一定的负面性，当集体的利益凌驾于个人利益之上时，多数人享受的福利由少数人承担其已经产生的和可能产生的成本，如房产贬值、健康受损等，这种成本与收益的失衡导致了个人利益受损方产生不公平感。因此，通过完善沟通渠道，让社会公众参与邻避项目的规划选址、立项、建设和运营的所有环节，保障了公众的知情权、参与权、选择权、表达权和监督权，能有效消除公众的疑虑。

(1) 政府了解民众诉求，落实民意。政府职能部门可采取发放调查问卷、访谈等多种形式了解民众对邻避设施的态度及利益诉求。民众也可通过网络、电话、信件等多种信访渠道反映问题，职能部门要积极回应公众信访问题，做好释疑解惑的工作，使民意回应有落实，做到科学决策，消除民众的顾虑。

(2) 媒体做好舆情引导。媒体负责全程跟踪报道邻避项目进展，应当客观、及时地向公众传达邻避项目信息，避免邻避风险的随意扩大，影响政府的公信力。

(3) 吸纳专业人士答疑解惑。相关职能部门要吸纳社会各领域的专业人士参与邻避项目的知识普及，负责向邻避居民解疑答惑，提升公众对邻避项目的认知水平以及公众参与的专业化水平，有序引导公众理性看待邻避项目。

(4) 组建公众督导组。在邻避设施运营阶段，运营企业通过组建公众督导组，充分发挥群众的监督力量，让民众参与到邻避项目运营过程中，监督邻避设施安全有效地运营。

3) 加强信息公开，减少政府、企业、公众三者间的信息不对称

在互联网时代，公众的信息来源多样化，如果关于邻避设施的信息传播不及时、不精准、不全面，将引发公众的怀疑与对抗情绪。政府及相关部门所提供的邻避项目信息不仅是公众了解邻避设施利弊的重要途径，也是彰显决策科学性、公正性的基本保障。政府利用新闻媒体、政府网站、企业网站搭建具有权威性的信息发布平台，保证决策内容、环评及项目建设过程和运营中相关信息的及时公开，以科学的数据分析和实际行动让广大居民了解邻避设施，最大程度地消除他们的各种疑虑和担忧。

4) 构建合理的邻避回馈和补偿机制

邻避设施在某种程度上给附近的居民生活、身心健康和资产价值带来一定的负面影响，职能部门应建立合理的邻避回馈补偿机制，关注弱势群体，积极对公众的意见进行反馈回应，采取差异化补偿措施以规避邻避冲突。

5) 加强科普宣传和教育

职能部门一方面通过报纸、广播、电视等传统媒体以及微博、微信、网站等新媒体向公众普及邻避项目的相关知识；另一方面，利用科普讲座、科普微视频、科普教育基地等方式开展科普教育活动，引导公众用科学、理性的方式看待、了解邻避项目。

■ 案例

临平净水厂

杭州市余杭区临平净水厂位于沪杭高速立交匝道内，是浙江省首座大型全地下污水处理厂，如图 3.5 所示。临平净水厂占地 4.94 公顷，于 2016 年 12 月开始施工建设，2018年底建成通水，每天处理 20 万吨废水，出水水质优于国家一级 A 排放标准。

图 3.5　临平净水厂

临平净水厂秉承"开放、包容、亲民"的设计理念，采用全地埋式的污水处理方式，即整个污水处理场地及设备全部都在深基坑里，整个污水处理过程在地下进行，污水经处理后达到国家一级 A 排放标准。处理后的清水经管道排入钱塘江，部分清水用于在其地上建设的生态公园——水美公园内的水景及绿化浇灌。这个集人工湿地、江南园林、运

动休闲、文化展示(余杭区净水主体教育基地)等功能为一体的高标准主题绿地公园已成为杭州市民休闲旅游的打卡地。

然而,这样一个生态优美、设计独特、安全环保的净水厂却经历了十分波折的建设历程。2011年,浙江省启动临平污水处理厂项目,并进行了第一次选址规划。厂址位于南苑街道钱塘社区,规划用地面积256平方米,厂区采用常规地上布局进行构建,在污水处理厂的旁边平列建设生态公园。由于该选址与居民居住区和公共建筑群的防护距离为150米左右,信息一经公布,遭到了当地群众的强烈反对,工程"邻避效应"极为突出,项目被迫搁置。

为了使污水处理厂能够顺利落地,浙江省、市、区各级政府做了大量的化解群众矛盾和防范重大工程引发社会不稳定现象等工作。例如,政府组织社区居民代表外出参观同类污水处理厂,组织专家团队详细评估项目的合法性、合理性、可行性、可控性,向公众做出"两不开工"的承诺,即项目坚持"安置补偿不到位,工程项目坚决不开工""公众不理解,工程项目坚决不开工",最终成功破题"邻避效应"。

2014年,临平污水处理厂项目进行第二次选址规划。考虑高速、高架互通匝道环绕区块内的土地大多处于闲置状态,政府部门通过论证后,最终将项目安置在沪杭高速与东湖路互通匝道围岛内。这使得原本难以利用的土地得到了充分的利用,同时,将临平污水处理厂更名为"临平净水厂"。

2016年,临平净水厂开工建设,厂区采用了地埋式设计,将原计划的地上污水处理厂建成地下污水处理厂。地下厂区为两层结构,占地74.2平方米,其中地下二层为污水处理区,地下一层为操作区和设备区。项目严格按照国家有关设计规范标准执行,并采用模块化叠合式布置、超长结构不分缝技术、多模式除臭技术、精确曝气、光导照明、污水源热泵等多种新技术,努力将净水厂打造为"绿色工厂、能源工厂"的示范。项目采取的全封闭无渗漏的地下污水处理措施不会对地表水和空气造成二次污染,同时,通过采用地下综合降噪处理措施消除污水处理过程中产生的噪声对地面建筑和居民的影响。地埋式净水厂的上方建设有生态公园,经净化后的水在生态公园再次循环利用。此外,净水厂西北侧辅助生产区按照人防要求进行了平战转换设计,实现了市政公益设施多功能融合的国内首座"人防+地下式"污水处理厂。

由于临平净水厂选址处于道路匝道区内,项目在土地集约利用方面效果显著,比原选址节约了70%土地面积,工程范围涉及拆迁量较少,环境影响也较小。临平净水厂的投入使用不仅成功化解了公众对工程项目的抵触情绪和风险感知,社会稳定风险评估工作得到了老百姓的认可,项目变"邻避"为"邻利",也开创了浙江省集经济效益、社会效益、环境效益、科技效益于一体的全地埋式污水厂建设的先河。

3.3.3 促进可持续发展

1. 可持续发展的内涵

从不同时代的工程活动可以看出:当人类文明处于蒙昧状态时,人们的工程活动只能被动地适应自然,向大自然进行一些极为有限的原始索取。随着文明的进步和生产力的发展，人类与自然界的关系由被动适应、原始性索取逐步转变为主动索取、无度索取，甚至想征服自然。环境污染、生态失衡以及资源、能源短缺等现象，又对人类未来的工程活动提出了新的问题和思考，即如何实现人、自然、社会的和谐和可持续发展。

发展是人类社会不断进步的主题，可持续发展是指建立可持续发展的经济体系、社会体系以维护与之相适应的可持续利用的资源和环境基础，既要达到发展经济的目的，又要保护好人类赖以生存的大气、淡水、海洋、土地和森林等自然资源和环境，最终实现经济繁荣、社会进步和生态安全，满足当代人和子孙后代合理增长的物质和精神需要。

可持续发展的一个重要特征是可持续性，包括经济、社会和环境的可持续性。经济的可持续性是指要求经济体连续提供产品和劳务的同时，要避免对工业和农业生产带来不合理的、极端的结构性失衡；社会的可持续性是指在不对后代的生存基础和发展能力构成威胁的前提下，逐步提高全民的生活质量；环境的可持续性是指要保持稳定的资源基础，避免过度地利用资源系统，维护健康的生态系统。

可持续发展中的经济、社会发展与环境保护相互联系、不可分割，体现了公平、和谐的原则。公平表现在三个方面：首先是人类与自然要保持一种公平关系，人类要合理利用自然资源，维护生态稳定；其次是代内公平，即代内所有人，无论国籍、种族、文化等差异，均平等地享有利用自然资源、拥有良好环境的权利；最后是代际公平，即当代人不能因满足其生存需要而以损害后代人为代价。和谐体现在人与人、人与自然的和平共处。

可持续发展是人类对自然观和价值观的深刻反思和变革，促进了人类建立可持续发展的生态观，即以尊重和保持生态平衡为要义，以人类未来的可持续发展为着眼点，强调人与自然的相互依存、相互促进，实现了社会发展、经济与生态效益的统一，确保人类社会永续发展。

2. 环境伦理原则

在工程活动中，尽管人们拥有环境伦理的观念，但是在处理具体工程活动时，需要建立环境伦理原则以对人们的工程实践活动进行指导。

1) 尊重原则

历史上"人定胜天"的生态观，曾导致了严重的生态环境问题。1982年10月，联合国大会在《世界自然宪章》中指出：任何生命都具有独特价值，都值得被尊重，人们对所有生命要心怀敬畏，善待所有生命。尊重原则体现出人类对自然环境的道德态度。如果人们有了这种观念，在处理工程问题的时候，尤其遇到人与自然的诉求发生冲突的情况，会变得格外谨慎，从而将对环境的损害降到最小。

2) 整体性原则

自然界是一个有机整体，处于该生态系统中的每一个事物都有其生态位置，彼此联系，构成了一个利益共同体。整体性原则就是要求对各方的短期和长期利益进行充分考虑，特别是生态利益，维持自然生态的动态平衡，从而保证人与自然的和谐共生。

3) 不损害原则

不损害原则是指在工程活动中，尽可能减少或者不损害自然环境。如果人类承认自然具有内在价值，自然就拥有了自身的利益诉求。这种利益诉求就要求人们在进行工程实践时不能损害自然的正常功能。不损害原则体现出善待生命的理念，充分考虑了正常的工程活动对自然造成的影响，而这种影响应当是可以弥补和修复的。

4）补偿原则

补偿原则是指如果工程活动对自然界造成了损害，应对这种损害做出补偿，以恢复自然环境的健康状态。例如，生态修复是一种针对生态退化、破坏而开展的实践活动，通过人工介入的手段以及利用生态系统本身的调节作用，加快已受损的生态系统的修复速度，促进生物多样性与系统的稳定性，从而实现生态平衡。

人类除了采用上述四个环境伦理原则处理在工程实践中遇到的环境伦理问题，当自然的利益和人的利益发生冲突时，还可以遵循以下原则进行处理。

(1) 整体利益优先原则。人类的一切活动都应服从自然生态系统的根本需要。

(2) 需要原则。需要分为生存需要、基本需要和非基本需要。生存需要是根本性需要；基本需要；如人们所享有的政治权利、受教育的权利等；非基本需要是指不会产生致命影响的需要，如参加一场音乐会。生存需要高于基本需要，基本需要高于非基本需要。当个体与个体之间的需要产生冲突时，可遵循需要原则。

(3) 人类优先原则。当人和自然都面临生存需要时，所有的物种都把自身看成是最重要的。在这种情况下，依据生物学的原则，人类的利益是优先的，可采用人类优先原则处理问题。

在工程领域里，当自然的整体利益和人类的局部利益发生冲突的时候，依据整体利益高于局部利益的原则进行处理；当人类的局部利益和自然的局部利益出现冲突的时候，根据需要原则来处理；当自然的整体利益和人类的整体利益出现冲突的时候，则采用人类优先原则进行处理。

例如，九曲十八弯的黄河孕育出华夏文明。黄河生态用水用于维持河流的生态功能、保障河流中生物的生存以及维护流域的生态系统。人类秉持环境伦理原则，尊重黄河生态系统享有的各项"权利"，采取措施来保护黄河生态系统，促进黄河生态系统的长远发展。当人类需要利用黄河开展农业灌溉、工业生产活动以及生活用水时，即当人类用水与黄河生态用水之间发生冲突时，根据需要原则，黄河生态用水是基本需要，要优先满足黄河的生态用水。但当人类出现饮水困难，而此时黄河生态用水也仅够维持时，河流的生存和人类的生存出现冲突，在这种情况下，采用人类优先原则，人类要从中取水来满足自身的生存需要。

3. 中国的生态观

1）古代生态观

中国古代，先民们认识到保护自然环境的重要性并进行道德规劝："先王之法，畋不掩群，不取麛夭；不涸泽而渔，不焚林而猎；豺未祭兽，罝罦不得布于野；獭未祭鱼，网罟不得入于水；鹰隼未挚，罗网不得张于溪谷；草木未落，斤斧不得入于山林；昆虫未蛰，不得以火烧田；孕育不得杀，鷇卵不得探，鱼不长尺不得取，彘不期年不得食。是故草木之发若蒸气，禽兽之归若流泉，飞鸟之归若烟云，有所以致之也。"这段话充分体现了朴素的人类保护生态的思想，即取之有时，用之有度。这种农耕文明时代形成的道法自然、仁爱万物、取用有度的意识形态一直是中国古代主流的自然生态观。

■ **案例**

云盐记忆

　　食盐无论是在贫瘠的远古时代还是科技发达的现代，都是人类生活中必不可少的食物。从先秦至清代，云南是除四川之外中国古代井盐生产的唯一地区。东汉时期，地处滇西的云龙县成为了当时重要的产盐地之一。到了唐代，黑盐井的开发使滇中盐业进入到一个新的时期，出现了云南第一大井的"黑井"等著名盐井。清代，随着盐井数量的剧增，滇南盐产地与传统的滇中、滇西两大盐产区齐头并进，奠定了近代云南产盐基地的最初雏形。石羊古镇保留下来的盐井如图3.6所示。

图3.6　石羊古镇保留下来的盐井

　　在云南，制盐主要是以卤水为原料，通过柴薪加热、挥发等过程，制成人们使用的盐。而柴薪取自砍伐森林中的树木。在清代康熙年间，白盐井的日平均产量是2.4万斤，根据一定的比例，则每日消耗柴薪为8万斤。由此可见，柴薪在生产资料中起着非常重要的作用，尤其是在"不患无卤而柴难"的情况下。

　　然而，盐井地区的人们崇尚自然、神化自然、保护自然。在盐井开发之初，人们通过对卤龙王的祭拜仪式展示对盐井和卤水资源的珍惜和保护，以及对森林资源的保护。他们对山神和树木十分崇敬且加以保护。例如普米族人认为山中有山神，老树有树神，山神可以保佑他们无痛无灾，保佑庄稼免遭天灾、年年丰收，并在村规民约中规定保护山林树木，不能砍伐，否则严惩。因此，在盐业经济最兴盛的时期，人们也并未砍伐老树。正是由于盐井地区的人们合理开发、利用自然资源，维护盐业生产与生态环境间的动态平衡，使人们与自然环境之间形成了朴素的天人合一的共生、互惠关系。

　　2) 现代生态观

　　随着我国改革开放以及经济建设的快速发展，中国的生态观也不断发展。中国从"发展才是硬道理"到树立"科学发展观"，再到今天创建"和谐社会"，汇聚形成了坚持尊重自然、顺应自然、保护自然以及人与自然和谐相处的生态文明理念。特别是党的二十大报告指出："人与自然是生命共同体，无止境地向自然索取甚至破坏自然必然会遭到大自然的报复。我们坚持可持续发展，坚持节约优先、保护优先、自然恢复为主的方针，像保护眼睛一样保护自然和生态环境，坚定不移走生产发展、生活富裕、生态良好的文明发展道路，实现中华民族永续发展。"

"绿水青山就是金山银山"生动展现了我国生态环境保护与经济社会发展之间的和谐关系。改善生态环境就是发展生产力，良好的生态本身蕴含着无穷的经济价值，能够源源不断创造综合效益，实现经济与社会可持续发展，满足人民对美好生活的需要，增强人民的归属感、自豪感，激发人民工作的积极性和创造性，团结人民为建设美丽中国而不懈奋斗。

例如，云南省红河州阿者科村把现代化生态文明建设融入乡村建设，依托其独特的地理位置、丰饶的物产、独具特色的民族文化，立足自然生态与传统文化的保护，大力发展"内源式村集体带动型"旅游业，在保护中发展，在发展中保护，将优质生态产品的综合效益转变成高质量发展的可持续动力，走出了一条保护生态、传承文化、发展经济、造福村民的道路。

3.4　本章小结

任何工程活动都存在着一定的风险。一项工程是否是好工程，应根据工程伦理的最高准则来判断。公众的安全、健康、福祉被认为是工程带给人类利益最大的善，同时，工程建设要坚守住生态安全的底线，最大限度保护生态的完整性。本章首先介绍了工程风险的内涵、特点和来源；其次介绍了做好工程的三大原则，即以人为本、社会公正以及人与自然和谐发展原则；最后从保障公众的安全和健康、协调好各方利益以及促进可持续发展三个方面阐述造就好工程的要求。

3.5　案例分析题

(1) 阅读"转基因是食品的未来吗？"案例，回答以下问题：

① 转基因食品涉及哪些伦理问题？

② 转基因食品存在哪些风险？如果你作为一名从事转基因研究的生物技术工程师，应该如何避免这些风险？

③ 一项技术的社会影响往往不会在技术实施早期体现出来，而当发现不期望的后果出现时，该技术通常已成为整个经济和社会结构的一部分，此时对其进行改变将比较困难。你认为转基因食品存在这个情况吗？为什么？

④ 转基因生物技术是否尊重了自然界发展的客观规律？人类是否有权擅自改变物种界限？

转基因是食品的未来吗？

随着社会的发展进步，现代农业发展也似乎到达极限，进一步提升粮食产量变得愈发困难。2013 年 6 月，联合国粮食与农业组织和经济合作与发展组织联合发布《2013—2022年农业展望》(*OECD-FAO Agricultural Outlook 2013—2022: Highlights*)报告。报告预测，未来十年，全球所有农作物和畜产品的产量增速都将放慢，而伴随人口增长，未来 40 年全球农作物产量必须增加 60%。2013 年 10 月，联合国粮食与农业组织发布报告表示，现代生物技术可以帮助人类改善生活水平和粮食安全。转基因技术作为现代生物技术的核心，其背景需求为其应用提供了重要的依据。

转基因技术利用现代生物技术将目的基因进行人工分离、修饰和转移，培育出新品种，从而赋予原品种新的优良性状。1983 年，全球第一例转基因烟草在美国问世。1994 年，全球首例转基因农作物产品——耐贮存番茄进入市场。1996 年，在孟山都和杜邦旗下的先锋良种等公司的推动下，美国的转基因国家战略飞速推进，转基因农作物实现商业化种植，全球转基因农作物种植面积迅速扩大。目前，美国、巴西、阿根廷等国家转基因农作物种植面积非常大，成为部分国家经济增长的强大助推力。转基因技术推广应用速度之快，创造了近代农业科技史上的奇迹。中国从国外进口的玉米、大豆，90%以上是转基因的。2021 年 12 月 31 日，中国发布一则消息：我国转基因大豆、玉米已开展产业化种植试点，增产增效和生态效果显著。

然而，在全球范围内，转基因技术仍是一个存在巨大争议的话题，转基因技术因其存在环境和安全等不确定性因素，从其推出伊始便遭到环保团体和消费者的强烈反对和抵制。对于转基因生物技术的价值和风险，支持者和反对者的辩论此起彼伏，一方面，转基因技术能够解决人类面临的食物短缺、能源危机和资源匮乏等难题，另一方面，由于它对人类健康和环境等方面存在潜在风险，如何在促进转基因技术发展和保护人类免受因技术发展所带来的负面影响之间寻求一个恰当的平衡，是大多数国家所面临的挑战。

(2) 阅读"基因编辑婴儿"案例，回答以下问题：

① "基因编辑婴儿"涉及哪些伦理风险？

② 科技本身是否存在善恶之分？

③ 工程人员在实施科技创新过程中是否要受到伦理道德的约束？

④ 科技的未来走向是否取决于使用者的价值观？

⑤ 请提出应对"基因编辑婴儿"伦理风险的对策。

基因编辑婴儿

人类基因组编辑技术是指在活体基因组中进行 DNA 插入、删除、修改或替换，从而改变身体特征。2018 年 11 月 26 日，南方科技大学副教授贺建奎宣布一对名为"露露"和"娜娜"的"基因编辑婴儿"在中国诞生(如图 3.7 所示)。由于利用基因编辑技术对胚胎的 CCR5 基因进行了编辑，这对双胞胎出生后即能天然抵抗艾滋病病毒 HIV。此消息一经发出，引发轩然大波。

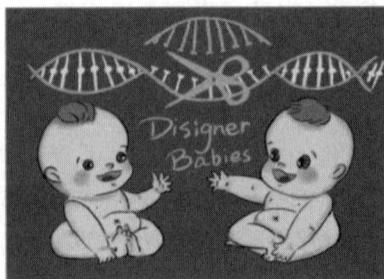

图 3.7　基因编辑婴儿

2018 年 11 月 27 日，中国科协生命科学学会发表声明，坚决反对有违科学精神和伦理道德的所谓科学研究与生物技术应用。中国和世界多个国家的科学家纷纷对贺建奎所做的实验进行谴责，或者表达保留意见。他们认为这次基因修改使两个孩子面临巨大的不确定性：一方面被修改的基因将通过孩子最终融入人类的基因池，使人类面临风险；另一方面这次实验突破了科学应有的伦理程序，在程序上无法接受。

该事件经调查后发现，早在 2016 年 6 月开始，贺建奎为追逐个人名利，蓄意逃避监管，使用安全性和有效性不确定的技术，实施国家明令禁止的以生殖为目的的人类胚胎基因编辑活动。2017 年 3 月至 2018 年 11 月，贺建奎通过他人伪造伦理审查书，招募 8 对夫妇志愿者(艾滋病病毒抗体男方阳性、女方阴性)参与实验，最终有 2 名志愿者怀孕，其中 1 名生下双胞胎女婴"露露"和"娜娜"。

该行为严重违背伦理道德和科研诚信，严重违反国家有关规定，在国内外造成了恶劣影响。2019 年 12 月 30 日，贺建奎等人被依法追究刑事责任。

(3) 阅读"南水北调工程"案例，查阅资料，回答以下问题：
① 分析南水北调工程中的利益相关者。
② 你认为南水北调工程符合好工程的标准吗？为什么？
③ 分析南水北调工程在各个工程环节是如何兼顾社会、经济以及生态效益的。

南水北调工程

为了改变我国水资源分布不合理的现状，促进南北方协调发展，我国开展了南水北调工程。南水北调工程经过二十世纪 50 年代以来的勘测、规划、分析比较和研究，分别在长江下游、中游、上游规划了三个调水区，形成了南水北调工程东线、中线、西线三条调水线路，这三条调水线路与长江、淮河、黄河、海河相互连接，构建起我国中部地区水资源"四横三纵、南北调配、东西互济"的总体格局。

东线工程是利用江苏省已有的江水北调工程，从长江下游扬州江都抽引长江水，利用京杭大运河以及与其平行的河道逐级提水北送，并连接起调蓄作用的洪泽湖、骆马湖、南四湖、东平湖。江水出东平湖后分两路输水：一路向北，在位山附近经隧洞穿过黄河，输水到天津；另一路向东，通过胶东地区输水干线经由济南输水到烟台、威海。

中线工程则从丹江口水库陶岔渠首闸引水，沿线开挖渠道，经唐白河流域西部过长江流域与淮河流域的分水岭方城垭口，沿黄淮海平原西部边缘，在郑州以西李村附近穿过黄河，沿京广铁路西侧北上，自流到北京、天津。

西线工程则在长江上游通天河、支流雅砻江和大渡河上游筑坝建库，开凿穿过长江与黄河分水岭巴颜喀拉山的输水隧洞，调长江水入黄河上游，主要解决青海、甘肃、宁夏、内蒙古、陕西、山西等 6 省(自治区)黄河上中游地区和渭河关中平原的缺水问题，并结合兴建黄河干流上的大柳树水利枢纽等工程，向临近黄河流域的甘肃河西走廊地区供水，必要时也可向黄河下游补水。

2022 年 12 月 12 日，南水北调工程东、中线一期工程全面通水 8 周年。这 8 年来，该工程已累计向北方调水约 600 亿立方米，直接受益人口超过 1.5 亿人，助力沿线 42 座大中城市的经济和社会发展。

南水北调中线工程是国家南水北调工程的重要组成部分，对缓解我国淮海平原水资源严重短缺、优化配置水资源，促进受水区河南、河北、天津、北京等省市的经济社会可持续发展和子孙后代福祉具有重要的战略意义。南水北调中线工程使沿线民众直接喝上了优质的汉江水。然而，水源地以及供水工程的沿途地区为了保证受水区民众喝上清洁的汉江水，做出了巨大牺牲。例如，南阳作为南水北调中线工程的渠首所在地和核心水源区，其淹没损失达 90 多亿元，搬迁人口 16.5 万人。为了保证水质，南阳把水源区生态保护作为全市"一号工程"，确保"一河清水入库、一库清水润京津"。南阳网箱养鱼于 2014 年南水北调中线工程通水之前全部被取缔，整个丹江口库区所有与水有关的旅游项目也全部被取缔，农作物的种植实行严格的生产制度，如不能用化肥和农药，这导致了南阳粮食减产。同样，十堰市为确保库区水质安全，关停"十五小"企业 329 家，关停黄姜加工企业 106 家，迁建 125 家，6 万名职工下岗，十堰市财政收入每年直接减少 8.29 亿元，而每年配套支出 15 亿元用于生态保护和水污染防治工程建设，财政增支减收数额巨大。

第4章

如何成为卓越工程师

工程师作为工程活动的主体，在现代工程活动中扮演着极其重要的角色，已然成为现代工程活动的核心以及推动社会经济发展的重要力量，而工程师的职业素养也愈来愈备受社会的关注。

本章学习目标

(1) 理解和掌握工程师的定义和特点。
(2) 了解工程师的能力。
(3) 理解中国工匠精神和中国工程师精神。
(4) 理解工程师的伦理责任和伦理冲突。

引例："天眼之父"南仁东

南仁东，中国科学院国家天文台500米口径球面射电望远镜(Five-hundred-meter Aperture Spherical radio Telescope，FAST)工程原首席科学家兼总工程师。他潜心从事天文研究，坚持自主创新，主导提出利用我国贵州省喀斯特洼地作为望远镜台址，从论证立项到选址建设历时22年，主持攻克了一系列技术难题，为FAST重大科学工程建设发挥了关键作用，实现了中国拥有世界一流水平望远镜的梦想。南仁东与FAST如图4.1所示。

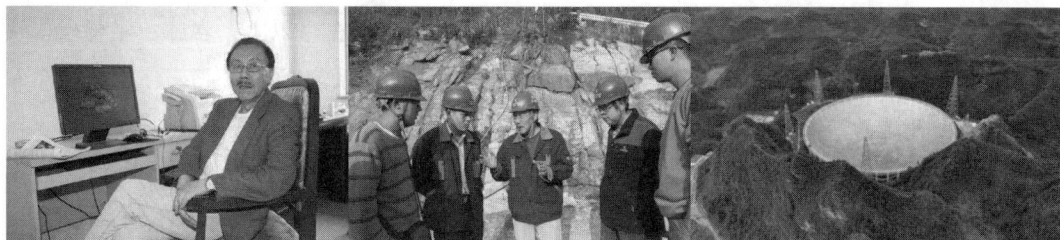

图4.1 南仁东与FAST

随着天文研究对大型观测设备和仪器越来越依赖，世界各国竞相建造更大口径、更灵敏的射电望远镜来破解更多来自宇宙的秘密。20世纪90年代，我国最大的射电望远镜口径只有 25 米，而美国于 1974 年扩建的阿雷西博望远镜直径是 350 米，德国波恩于 1972 年建成的埃菲尔斯伯格射电望远镜，其抛物面天线直径达到 100 米。

早在 1984 年，南仁东使用国际甚长基线网对活动星系核进行了系统的观测研究，主持完成欧洲及全球网 10 余次观测，取得了丰富的天体物理成果。在日本东京召开的一次国际无线电科学联盟大会上，科学家们提出，在认识宇宙的探索中，射电望远镜功不可没，因此，在全球电波环境继续恶化之前，建造新一代射电望远镜，接收更多来自外太空的信号。正是这次大会，改变了他和中国射电天文学界的行进轨迹。

南仁东不忘祖国的呼唤，毅然选择了回国，从零开始筹建 FAST 工程，即在中国境内建造直径 500 米、世界最大的单口径射电望远镜。而建设这样大口径的射电望远镜不仅是一个严密的科学工程，还是一个难度巨大的建设工程，涉及天文学、力学、机械工程、结构工程、电子学、测量与控制工程，甚至岩土工程等各个领域。关键技术无先例可循，关键材料急需攻关，现场施工环境非常复杂，工程的艰难程度远超出想象。

《南村辍耕录》有云："一事精致，便能动人，亦其专心致志而然。"一辈子只做一件事情，意味着执着、专注和内心的平静，也意味着享受孤独、甘于寂寞和勇于承担所有的后果。南仁东在贵州 20 多年风雨兼程，犹如徐霞客，爬遍了贵州的喀斯特地貌，最终寻到大窝凼，贵州业已成为他的第二故乡。2011 年，FAST 工程开工令下达，在 5 年半的工程建设过程中，150 多家国内企业、20 余家科研单位、数千人的施工队伍相继投入 FAST 的建设。南仁东深知除了做好这件事，自己别无选择，废寝忘食成了南仁东的工作常态。在审核危岩和崩塌体治理、支护方案时，不懂岩土工程的他，用了一个月的时间学习相关知识，对方案中的每一张图纸都仔细审核。最后，他指出了方案中的不少错误，还提出了许多非常专业的意见，令合作单位的专家们刮目相看。

南仁东从开始主持 FAST 项目的选址、立项、可行性研究及初步设计，主编科学目标，指导各项关键技术的研究及其模型试验，历经 22 年，带领团队突破了一系列技术难题，最终建成了"中国天眼"，实现了三项自主创新：① 利用贵州天然的喀斯特洼坑作为台址；② 洼坑内铺设数千块单元组成 500 米口径球冠状主动反射面；③ 采用轻型索拖动馈源平台和并联机器人，实现望远镜接收机的高精度定位。截至 2024 年，FAST 发现的脉冲星总数超过 800 颗，是国际上同一时期所有其他望远镜发现脉冲星总数的 3 倍以上，在脉冲星物理、快速射电暴起源、星系形成演化及引力波探测等领域取得了一系列世界级成果，连续两年入选两院院士评选的"中国十大科学进展"。

"虚荣的人注视着自己的名字，光荣的人注视着祖国的事业。"南仁东倾尽一生为祖国的天文事业再登世界巅峰做了最好的注解，他虽然与世长辞，但他的爱国情怀、科学精神和勇于担当精神激励着广大科技工作者继往开来，不懈奋斗。

思考：

作为一名工程师，应该具有哪些职业美德？在工程活动中承担哪些伦理责任？

4.1　工程师的内涵

4.1.1　工程师的定义及特点

1. 工程师的定义

2006 年，英国机械工程师学会理事长安德鲁·艾夫斯在国际机械工程教育大会上提出，工程师是为了一种明确的目的，利用所学的知识和理论对具有技术内容的事物进行构思、设想、制作、建立、运作、维持、循环或引退。因此，所谓工程师，是指掌握和运用科学知识和技术应用技巧，在人类改造自然界、建造人工自然的实践活动过程中从事研发、设计与生产施工等活动的工程技术人才。

随着工程技术的发展，工程技术与经济的紧密结合成为时代的要求，工程师这一职业也获得比较独立的社会地位，形成了工程师共同体。在工程师共同体中，大家从事相同的职业，面对相似的问题，在资质的获得上接受基本相同的训练，共同遵守相应的行为规范。工程师共同体对外代表整个工程师群体，向社会宣传工程师的重要价值，维护工程师的地位和荣誉；对内工程师共同体制定职业标准，促进工程师的职业发展，增进工程师的知识和技能，提高专业服务水平，协调工程师之间的利益关系。

今天的中国已然成为拥有工程师最多的国家。从 2000 年到 2020 年，中国培养了 6000 万名工程师。2021 年 3 月 18 日，中国工程师联合体(Chinese Society of Engineers)成立，旨在凝聚工程科技界、产业界、教育界、工程科技社团等社会各方力量，加强工程师的团结引领，推进卓越工程师队伍建设，提升工程师职业化、国际化水平，促进科技经济融合发展，深度参与工程领域全球治理，建设工程师事业共同体、价值共同体、命运共同体，为全面建设社会主义现代化国家、增进人类福祉、推动构建人类命运共同体贡献工程界的智慧和力量。

中国工程师联合体的主要任务如下：

(1) 加强价值引领。弘扬科学家精神，塑造工程师文化，强化工程师职业伦理，传播工程科学知识，营造崇尚工程科技、崇尚创新文化、尊重工程师的社会氛围，向党和政府有关部门反映工程师的意见和呼声。

(2) 完善工程师职业成长服务体系。参与工程教育认证，开展工程能力评价和继续教育培训，加强人才举荐和表彰，提升工程师职业化、国际化水平，维护工程师合法权益，推进卓越工程师队伍建设。

(3) 推动工程师国际互认。建立国际实质等效的工程能力评价标准体系和质量保障体系，开展工程师国际互认区域和行业试点，争取加入工程师互认多边协议，加强工程能力建设国际交流与合作，积极参与工程领域全球治理。

(4) 加强产学研用合作。开展工程科技成果转化和推广活动，推动工程师跨区域流动和共享，打通产学研用协同创新通道，助力"科创中国"建设，助推科技经济融合发展。

(5) 凝聚工程界智慧。跟踪世界工程科技前沿，开展工程科技与产业发展研究，开展重大工程战略咨询、工程科技咨询和科技评价、工程科技知识产权保护研究等工作。

2. 工程师的特点

工程师不同于科学家。虽然科学家和工程师都是知识劳动者，但他们所掌握的专业知识和思维方式不一样，故二者是有区别的。正如航空工程的先驱者、美国加州理工学院冯·卡门教授所言："科学家研究已有的世界，工程师创造未有的世界。"科学家与工程师的区别如表 4.1 所示。

表 4.1 工程师与科学家的区别

区 别	科 学 家	工 程 师
工作目的	对自然或社会现象"为什么"会发生感兴趣，探寻事物一般性原理和规律	对工程技术问题"为什么"会发生感兴趣，力图根据普遍规律设计和制造社会所需物品
工作结果	定律、定理、规律	人造物
工作过程	观察现象、收集数据、分析数据、提出理论以描述研究结果。理论往往可以用数学公式表示	根据功能要求，按照科学规律构思并制作模型、测试完善模型、形成产品并推向市场
工作方法	以分析为主，剔除系统中不必要的信息，使信息递减，凸显规律	以综合集成为主，不断完善系统功能
工作特征	开展基础理论、应用科学或技术科学原理的研究	发展用于未来的新技术、新设计、新工艺、新材料和新方法
拥有的知识	主要是科学知识	主要是工程知识
才能要素	探索者、开拓者、发现者、新概念创造者	设计者、开发者、新技术形成者、新标准制订者、能规划、能预见及评价、能系统地处理问题

工人与工程师的相同之处为他们都是被雇佣的劳动者，其区别在于工程师是知识劳动者，工人是体力劳动者，工程师拥有专业型很强的工程知识，工人主要拥有较强的操作能力。

4.1.2 工程师的能力

能力是指完成一项目标或任务所体现出来的综合素质，是知识、技能、情意态度的综合体。能力体现了工程师在其职业活动中解决工程实际问题、将知识和技能转变为有效工程产出的价值。

1. 岗位胜任力

胜任力是指在特定工作岗位、组织环境和文化氛围中，绩优者所具备的可以客观衡量的个体特征及由此产生的可预测的、指向绩效的行为特征。胜任力特征包括个体特征、行为特征和工作的情景条件。个体特征是指人所拥有的特质属性，是一个人个性中深层和持久的部分，决定了个体在具体情境中的行为和思维方式。行为特征是指一个人在特定情景下，对知识、技能、态度、动机等的具体运用，是实现绩优的关键行为。情景条件是指胜任力得以展示出来的工作情景。

在不同文化环境、不同职位、不同行业中的胜任力是不同的。目前，已有的胜任力模型主要有冰山模型和洋葱模型，如图 4.2 所示。

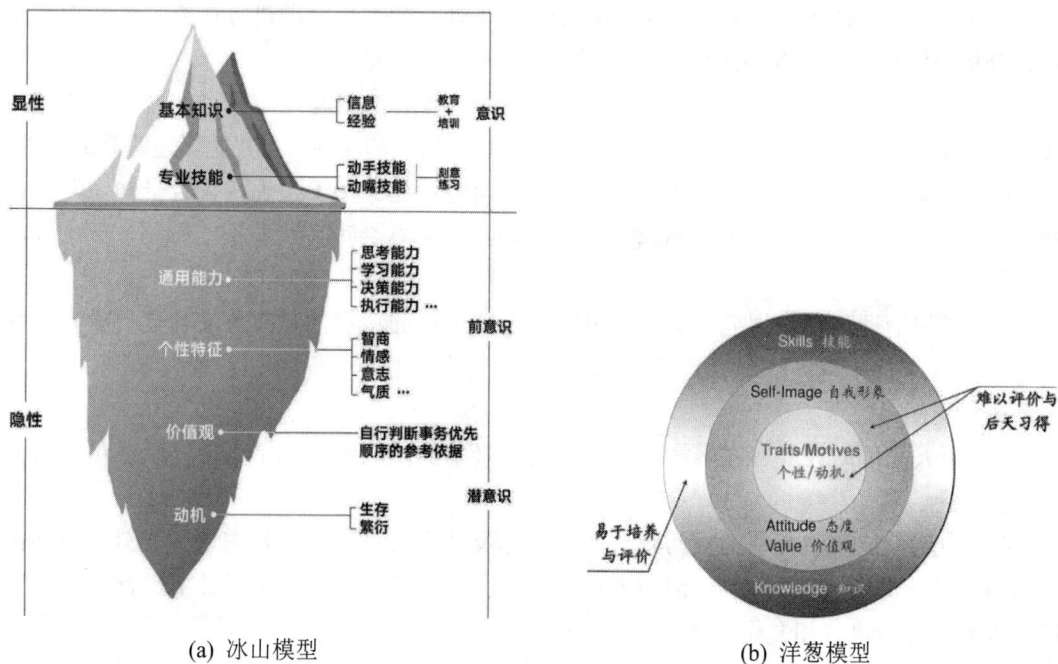

(a) 冰山模型　　　　　　　　　　　　(b) 洋葱模型

图 4.2　胜任力模型

从模型可以看出，知识和技能是可见的、显性的，属于基准型特征，是对胜任者的基本素质要求。知识和技能可以通过教育和培训获得，但不能区分优秀者和平庸者。态度、价值观、个性特征、自我形象等是不可见的、隐性的，属于鉴别性特征，是区分优秀者和平庸者的关键因素。

2. 工程师能力标准

当前，对工程师职业能力提出要求并建立起的标准来自三个方面：一是工程教育专业认证组织；二是工程师学会或协会；三是行业或企业。

1) 工程教育专业认证组织

以中国工程教育专业认证协会为例，2016 年 6 月，我国正式加入国际上最具影响力的工程教育学位互认协议之一——《华盛顿协议》。中国工程教育专业认证协会通过开展工程教育认证，提高我国工程教育质量，经该协会认证的工科专业，其毕业生学位可以得到《华盛顿协议》其他成员组织的认可。中国工程教育专业认证协会提出的 11 项标准(2024 版)如下：

(1) 工程知识。能够将数学、自然科学、计算、工程基础和专业知识用于解决复杂工程问题。

(2) 问题分析。能够应用数学、自然科学和工程科学的基本原理，识别、表达并通过文献研究分析复杂工程问题，综合考虑可持续发展的要求，以获得有效结论。

(3) 设计/开发解决方案。能够针对复杂工程问题设计和开发解决方案，设计满足特定需求的系统、单元(部件)或工艺流程，体现创新性，并从健康、安全与环境、全生命周期成本与净零碳要求、法律与伦理、社会与文化等角度考虑可行性。

(4) 研究。能够基于科学原理并采用科学方法对复杂工程问题进行研究，包括设计实验、分析与解释数据、并通过信息综合得到合理有效的结论。

(5) 使用现代工具。能够针对复杂工程问题，开发、选择与使用恰当的技术、资源、现代工程工具和信息技术工具，包括对复杂工程问题的预测与模拟，并能够理解其局限性。

(6) 工程与可持续发展。在解决复杂工程问题时，能够基于工程相关背景知识，分析和评价工程实践对健康、安全、环境、法律以及经济和社会可持续发展的影响，并理解应承担的责任。

(7) 工程伦理和职业规范。有工程报国、为民造福的意识，具有人文社会科学素养和社会责任感，能够理解和践行工程伦理，在工程实践中遵守工程职业道德、规范和相关法律，履行责任。

(8) 个人与团队。能够在多样化、多学科背景下的团队中承担个体、团队成员以及负责人的角色。

(9) 沟通。能够就复杂工程问题与业界同行及社会公众进行有效沟通和交流，包括撰写报告和设计文稿、陈述发言、清晰表达或回应指令；能够在跨文化背景下进行沟通和交流，理解、尊重语言和文化差异。

(10) 项目管理。理解并掌握工程项目相关的管理原理与经济决策方法，并能够在多学科环境中应用。

(11) 终身学习。具有自主学习、终身学习和批判性思维的意识和能力，能够理解广泛的技术变革对工程和社会的影响，适应新技术变革，具有批判性思维能力。

2) 工程师学会或协会

当毕业生进入具体的工程行业领域成为职业工程师后，社会不仅期望他们能运用所掌握的知识和技能谋求社会福祉，也期望他们在工程实践中展示出高标准的职业素养。基于这一现实，作为工程师自治组织的各工程师协会(学会)，依据行业发展愿景和特点，对工程师的职业能力提出了要求。

例如，在中国科协的指导下，中国标准化协会、中国机械工程学会、中国汽车工程学会、中国电机工程学会等10个协会参与，于2018年11月发布《工程能力评价通用规范》。该规范适用于土木工程类、电气工程类、机械工程类、铁路工程类、核工程类、标准化类、水利水电工程类、信息通信工程类、汽车工程类、化学化工类、地质工程类、建筑工程类等工程技术领域，规定了专业工程会员素质能力要求以及资深工程会员素质能力要求。本书限于篇幅，仅列举如表4.2所示的专业工程会员素质能力要求。

表 4.2　专业工程会员素质能力要求

素质能力	要　　求
A 工程知识与专业能力	A1 具有相关专业工程教育背景，接受过工程基础和专业知识学习以及专业技能训练； A2 能够熟练运用数学、自然科学、工程基础和专业知识以及专业技能解决问题； A3 具备收集、分析、判断国内外相关技术信息的能力，能够进行复杂工程问题的研究，提出开发方向、思路及解决方案； A4 具备市场调研、需求预测和技术经济分析能力，能够制定、实施工程项目计划，并评估其效果和影响； A5 具备系统思维和创新思维能力，能够提出创新方案
B 工程伦理与职业道德	B1 能够在工程实践中遵守法律法规、技术规范、行为准则； B2 具有人文社会科学素养、社会责任感，能够在工程实践中理解并遵守工程职业道德和规范，履行责任； B3 具有本专业质量、安全、节能、环保、知识产权保护意识，能够正确运用专业知识保证工程和自然、社会的和谐发展
C 团队合作与交流能力	C1 能够熟练使用工程语言制定工程文件，并与同行交流； C2 具有团队合作精神和良好的人际交往关系，能够自我控制并理解他人意愿； C3 具备跨文化沟通能力，能够进行国际交流与合作
D 持续发展与终身学习能力	D1 制定并实施自身职业发展规划，能够积极参与持续职业发展活动； D2 主动跟踪本专业国内外技术发展趋势，能够不断掌握新知识、新技能并应用于工程实践中
E 组织领导与项目管理能力	E1 具备组建和管理团队能力，能够领导团队并帮助团队成员成长； E2 具备项目监控和过程管理能力，能够进行风险预判并提出风险规避预案，通过质量管理实现工程项目的持续改进； E3 具备综合分析、判断能力，能够在工程项目实施过程中展现良好的判断力； E4 能够提出决策意见，并对所作出的决定负责任

3) 行业或企业

以波音飞机公司为例，波音飞机公司提出 10 条工程师的基本素质：

(1) 具有良好的工程科学基础。

(2) 熟悉设计与制造过程。

(3) 具有跨学科的系统视野。

(4) 了解工程实践的知识，如经济、商务、历史、环境、社会需求等。

(5) 具有出色的交流技能，如写作、口头交流、图形、理解他人意图。

(6) 具有较高的职业道德和责任。

(7) 具有批判性思维和创造性思维的能力。

(8) 具有快速适应环境变化的能力。

(9) 具有好奇心和终身学习的愿望。

(10) 具有能深刻了解团队协作的重要性以及团队合作的能力。

由此可见，无论是工程教育专业认证组织，还是工程师学会或协会亦或是行业与企业，都强调工程师不仅要掌握工程实践所需的知识和技能，还应具备良好的职业道德，并且要注重提升职业持续发展和可迁移的能力。

4.2 中国工匠精神

4.2.1 古代工匠精神

所谓工匠精神，是指在产品制作或工作中追求精益求精的态度与品质，是职业道德、职业能力、职业品质的体现，是从业者的一种职业价值取向和行为表现。

在中国，"工匠"一词最早出现在春秋战国时期，是指具有一定技能且富有创造性的劳动者群体，此时主要代指从事木匠的群体。随着历史的发展，东汉时期工匠已经基本覆盖全体手工业者。工匠们喜欢不断雕琢产品，不断改善工艺，享受着产品在双手中升华的过程。

■ **案例**

毕昇与活字版印刷术

毕昇(972—1051)，活字印刷术(如图 4.3 所示)的发明者。在毕昇发明活字印刷术之前，雕版印刷既笨重费力又耗料耗时，不仅存放不便，有错字时还不易更正，如北宋初年刊刻的《大藏经》，一共五千多卷，一共刻了十三万块板子，花费十二年。

图 4.3 活字印刷术

毕昇作为一位在杭州书籍铺从事雕版印刷的工匠，非常熟悉并精通雕版技术。鉴于雕版印刷的艰难，在总结前人经验的基础上，毕昇设想如果改用活字版，只需要雕制一副活字，则可排印任何书籍，活字可以反复使用。虽然制作活字的工程大一些，但以后排印书籍则十分方便。正是在这种启示下，发明了活字印刷术。

毕昇发明的活字印刷方法既简单灵活，又方便轻巧。沈括的《梦溪笔谈》中记载了该方法：先用胶泥做成一个个规格统一的毛坯，并在毛坯一端刻上反体单字，其突起的高度如铜钱边缘的厚度，用火烧硬，使其成为胶泥活字。为了适应排版的需要，一般常用字都备有几个甚至几十个，以备同一版内字重复时使用。如果遇到不常用的冷僻字，事前没有准备，可以随制随用。为了便于拣字，把胶泥活字按韵分类放在木格子里，并贴上

纸条标明。排版时，用一块带框的铁板作底托，上面敷一层用松脂、蜡、纸灰混合制成的药剂，把需要的胶泥活字排进框内，排满一框成为一版，再用火烘烤，等药剂稍熔化，用一块平板把字面压平，药剂冷却凝固后就成为版型。印刷时，只要在版型上刷上墨，敷上纸，加上一定压力即可。为了实现连续印刷，可以用两块铁板，一版加刷，另一版排字，两版交替使用。印完后，用火把药剂烤化，胶泥活字便从铁板上脱落下来，再按韵放回木格里，以备再次使用。

此外，毕昇还试验过木活字印刷，由于木料纹理疏密不匀，刻制困难，木活字沾水后会变形，以及和药剂粘在一起不容易分开等原因，毕昇没有采用。

毕昇创造发明的胶泥活字排版是中国印刷术发展中的一个根本性的改革，标志着印刷术由费工费时的雕版印刷进入高效率的活字版印刷时代。毕昇的胶泥活字首先传到朝鲜，被称为"陶活字"，后又由朝鲜传到日本、越南、菲律宾等国家。15 世纪，活字印刷术传到欧洲。16 世纪，活字印刷术传到非洲、美洲、俄国的莫斯科，19 世纪传入澳洲。作为中国古代四大发明之一的活字印刷术对中国和世界各国的文化交流做出伟大贡献。

中国古代工匠精神具有以下特点：

(1) 创新精神。美丽的丝绸、精美的陶瓷以及数不清的发明创造彰显着古代中国工匠无比的智慧和对完美的不懈追求。

(2) 精益求精的职业态度。老子有云："天下大事，必作于细"。《庄子》中记载的游刃有余的"庖丁解牛"、《核舟记》中夸赞雕刻者的精湛技艺："游削于不寸之质，而须麋了然"等。这不仅是对中国古代工匠出神入化技艺的真实写照，也是对他们精益求精、追求卓越职业态度的赞美。

(3) 敬业精神。中华民族历来有"敬业乐群""忠于职守"的传统，十分强调"敬"这一观念。对于古代工匠群体而言，他们十分尊敬自己从事的职业劳动，因此形成了内涵十分丰富的"敬业"观念。孔子主张人在一生中始终要"执事敬""事思敬""修己以敬"。"执事敬"是指行事要严肃认真不怠慢，"事思敬"是指临事要专心致志不懈怠，"修己以敬"是指加强自身修养保持恭敬谦逊的态度。宋代大思想家朱熹将敬业解释为"专心致志，以事其业"。

4.2.2　新时代工匠精神

国无德不兴，人无德不立。工匠精神是社会文明进步的重要尺度、是中国制造前行的精神源泉、是企业竞争发展的品牌资本、是员工个人成长的道德指引。党的二十大报告中指出："坚守中华文化立场，提炼展示中华文明的精神标识和文化精髓，加快构建中国话语和中国叙事体系，讲好中国故事、传播好中国声音，展现可信、可爱、可敬的中国形象。"

"执着专注、精益求精、一丝不苟、追求卓越"的新时代工匠精神根植于中华传统的丰厚土壤之中，生动诠释了社会主义核心价值观，丰富了以爱国主义为核心的民族精神和以改革创新为核心的时代精神的内涵，既是一种传承，也是一种发扬，是我们的宝贵精神财富和强大精神力量。

1. 执着专注

专注就是内心笃定而着眼于细节的耐心、执着、坚持的精神，这是"大国工匠"所必须具备的精神特质。"杂交水稻之父"袁隆平从发现第一棵雄性不育株开始，到逐步实现巨人稻、海水稻、去镉稻的大面积种植，他选择了田畴，终身守望；爆炸力学与核试验工程领域专家林俊德扎根大漠 50 余载，把青春全部献给祖国的核事业。身患绝症后，他与死神争分夺秒，拖着虚弱的身体坚持工作。他说："我这辈子只做了一件事，就是核试验，我很满意。"一批批大国工匠，坚守报国初心，在平凡的岗位上成就不平凡的功绩。

2. 精益求精

由于工程风险的不确定性贯穿于工程实践始终，工程师应具有强烈的使命感和责任感，高度的职业警惕性和谨慎性。精益求精是从业者对每件产品、每道工序都凝神聚力、追求极致的职业品质。所谓精益求精，是指已经做得很好了，还要求做得更好。例如，瑞士手表得以誉满天下、畅销世界、成为经典，靠的就是制表匠们对每一个零件、每一道工序、每一块手表都精心打磨、专心雕琢的精益精神。

3. 一丝不苟

一丝不苟意味着不轻视任何一处细微，不放过任何一个细节，不容许有任何的差错。

■ **案例**

水利专家张光斗

张光斗是中国工程院首批院士，中国水工结构和水电工程学科的创建人之一。张光斗在为国家水利水电事业工作的 70 个年头里，其言行展现了一个现代中国知识分子爱国、奉献、严谨、敬业的形象。张光斗曾说："我不仅不是什么'泰斗''大师'，也不是科学家，我就是一个工程师，一个给老百姓干活的工程师。"

张光斗 1912 年生于江苏省常熟县鹿苑镇的一个贫寒家庭，1934 年毕业于上海交通大学土木工程学院，同年考取清华大学水利专业留美公费生，1936 年获美国加利福尼亚大学土木系硕士学位，1937 年获哈佛大学工程力学硕士学位，并获得攻读博士学位的全额奖学金。而在此时，中国抗日战争全面爆发，他毅然放弃继续深造的机会，辞谢导师国际力学大师威斯托伽特教授的挽留回到中国。

回国后，张光斗成为了一名水电工程师，他在四川先后负责设计了桃花溪、下清渊硐、仙女硐等中国第一批小型水电站，为抗战大后方的兵工厂雪中送炭。1951 年，张光斗负责设计了黄河人民胜利渠首闸的布置和结构，实现了几千年来中国人在黄河破堤取水的梦想。1958 年，张光斗负责设计了华北地区库容量最大的密云水库，他大胆创新，采用大面积深覆盖层中的混凝土防渗墙、高土坝薄粘性土斜墙、土坝坝下廊道导流等革新技术，这些技术在当时均属国内首创。密云水库一年拦洪、两年建成。周恩来总理称赞它是"放在首都人民头上的一盆清水"。

自 20 世纪 50 年代以来，张光斗先后参与了官厅、三门峡、荆江分洪、丹江口、葛洲坝、二滩、小浪底、三峡等数十座大中型水利水电工程的技术咨询，他对这些工程提出的诸多建议，成为中国水利界的重要指导原则。

江河不治，水利不兴，则无以安邦。张光斗把责任看成是比天还要大的事情，他曾说："水利工程师对国家和人民负有更大的责任，因为，水利工程在细节上 1%的缺陷，可以带来 100%的失败，而水利工程的失败最后导致的是灾难与灾害。"

2002 年 4 月，90 岁的张光斗第 21 次来到三峡大坝工地，顺着脚手架往大坝上缘的导流底孔登去，查看了两个底孔后，他回到了地面。"我实在是爬不动了。"他说，"要是有力气能爬，我一定再去多检查几个底孔。"

"做一个好的工程师，一定要先做人""一条残留的钢筋头会毁掉整条泄洪道"的例子，张光斗从上世纪一直讲到今天。他告诉学生们，在水利工程上，绝不能单纯依赖计算机算出来的结果，因为水是流动而变化的，虽然你已经设计了 100 座大坝，但是第 101 座对于你而言依然是一个"零"。

4. 追求卓越

追求卓越蕴含着追求突破与创新，是工程师对践行"致力于保护公众的健康、安全和福祉"职责的能动创造。工匠必须把"匠心"融入生产的每个环节，在一个细分产品上不断积累优势，积极化解技术和工程所带来的风险，勇于迎接挑战，敢于求变，以创新的理念寻求工程"量"的高效和"质"的提升，以满足人们的需求。

■ **案例**

汉字激光照排系统之父——王选

随着信息时代的到来，传统的铅字印刷不仅严重影响书籍资料的出版周期，而且因传统印刷方式工作强度大以及严重污染环境等问题，极大影响了排字工人的身体健康。而要想在计算机中建立汉字库，要考虑如何将庞大的汉字字形信息存储进计算机中，特别是印刷中还要面对多种字体和大小不同的字号变化等问题，谈何容易。

被誉为"汉字激光照排系统之父"的中国科学院院士王选针对汉字印刷的特点和难点，自 1975 年主持汉字激光照排系统的研制工作以来，带领团队成员潜心研究，研制出一种高分辨率字形的高倍率信息压缩和快速复原技术，即轮廓加参数描述汉字字形的信息压缩技术。该技术能够将横、竖、折等规则笔画用一系列参数精确地表示，将曲线形式的不规则笔画用轮廓表示，实现了失真程度最小的字形变倍和变形。汉字字形信息的计算机存储和复原这一世界性难题的突破，打开了计算机处理汉字信息的大门，从而发明了汉字激光照排系统。

王选院士的这项发明引发我国出版印刷业"告别铅与火，迎来电与光"的技术革命，为汉字告别铅字印刷开辟了道路，推动了我国报业和印刷出版业的发展。1987 年和 1995 年，王选发明的汉字激光照排系统两次获得国家科技进步一等奖，两次被评为中国十大科技成就。1991 年，汉字激光照排系统获国家重大技术装备成果特等奖。王选院士本人也于 1987 年荣获中国印刷业最高荣誉奖"毕昇奖及森泽信夫奖"，1990 年获得陈嘉庚科学奖，1995 年获得联合国教科文组织科学单项奖，2018 年被授予"改革先锋"称号，并获评"科技体制改革的实践探索者"，2019 年被授予"最美奋斗者"称号。

王选院士常说这样一句话："能为人类做出贡献，人生才有价值。"他深刻认识到人生的真正价值在于对社会的责任和贡献，他不仅这样说，也确确实实是这样做的。他开拓进取的自主创新精神、乐于奉献的崇高品德以及深厚的爱国情怀值得我们敬佩和学习。

因此，一名优秀的工程师不仅要具备扎实的专业知识以及娴熟地运用这些知识的能力，还要有追求卓越的工匠精神、强烈的社会责任感和历史使命感，这对于促进工程师形成向上、向善的力量具有重要的作用。

4.3 中国工程师精神和伦理责任

4.3.1 中国工程师职业精神历程

中国工程师职业精神是中国工程师群体在进行工程实践过程中孕育并形成的，是职业化的工程实践活动中内化而成的个人品质，是工程技术人员自身的一种主观精神状态与人格特质，饱含着中华民族历史文化的深厚积淀。

我国工程师职业历经了古代的萌芽期、近代的形成期、建国后的成长期以及改革开放后的发展期，每个阶段都彰显出其所处历史时期独特的精神烙印。

1. 古代的萌芽期——专研与精益求精的工匠精神

在中国古代，工程活动只是当时社会的临时态，担任工程任务的劳动者都是临时从事工程活动的农民或手工业者，他们在工程完成后继续从事自己原来的生产活动。随着社会的发展，出现了"工匠"的称谓。勤劳和智慧是古代工匠身上最集中、最明显的标识。

在长期的工程实践中，中国古代工匠还形成了"精益求精""道技合一"的工匠精神。他们"匠心独具"，在技术、工艺等方面不因循守旧、拘泥一格，精益求精，追求突破，不断创新。如中国四大发明的发明家们，三国时期发明龙骨水车的马钧等。

2. 近代的形成期——救国图存的职业精神

在这个时期，随着民族工业的出现，中国涌现出一批批优秀的工程师，究其原因在于：一是国家多舛的命运激发他们强烈的社会责任感；二是翻天覆地的社会变革激发他们强烈的创新精神；三是知识改变命运的信念激发他们强烈的求知欲。20世纪初期，著名实业家张謇提出"振兴实业"代替"振兴商务"，加之孙中山《建国方略》中对中国工程建设和工程师地位产生重要影响，民族工业在夹缝中得以发展。

3. 建国后的成长期——自力更生、艰苦奋斗的职业精神

新中国成立之初，面对国内外严峻形势和百废待兴的国家，一批批知识青年向科学进军，他们发扬自力更生、艰苦奋斗的精神，以科技报国，投身祖国建设。例如，以钱学森、钱三强为代表的工程科技人员经过艰苦卓绝的努力，挺起了中国核工业的脊梁。可以说，自力更生、艰苦奋斗成为了这一时期工程创造领域的重要精神标记。

4. 改革开放后的发展期——勇于创新、服务国家重大需求的职业精神

自中国改革开放以来，中国制造及科技取得了巨大发展，这其中离不开中国工程师的

艰苦奋斗和辛勤劳动，他们不断创造出如量子卫星、高铁、桥梁、核电、5G 等世界工程技术领域的新成果，将一件件国之重器展现于世人。他们在创新驱动发展中发挥着不可替代的作用，赢得了社会的广泛认可。港珠澳大桥总设计师孟凡超在接受采访时表示，工程师阶层代表了一个国家的硬实力，中国能立足于世界之林，靠的就是这股力量。

4.3.2　中国工程师精神

随着工程师职业化的发展，在中国大地上一座座工程科技创新的丰碑赋予了中国工程师这一职业更加丰富的精神内涵，成为工程师职业获得创新的不竭动力。工程师既要有一丝不苟的工匠精神，还要有科学家的创新精神；既要有扎实的理论基础，还要有丰富的实践经验；既要有吃苦耐劳的拼搏精神，又要有一往无前的战斗精神。由此，形成了独特的中国工程师精神。

1. 爱党报国，服务人民

爱党报国，服务人民是中国工程师实现中华民族伟大复兴的理想信念和赤子情怀。作为工程活动的核心团队，面对错综复杂的国际形势的同时肩负着实现中华民族伟大复兴的历史使命，工程师们只有永远把党和人民放在心中最高位置，心有大我、至诚报国，将个人理想与国家命运紧紧联系在一起，才能实现个人和国家的共同进步。

2. 敬业奉献，严谨笃实

工程的目的是造物，而工程师是负责实际工程的群体，不仅要解决新问题，如原材料的获取和选用、加工方法和装备的研究开发、工艺流程的组织、产品的设计和生产等，也要解决老问题，例如对已有的产品，如何在大批量生产中保质保量，包括各种标准的确立、产品的检测、认证等技术基础的构建，如何提高生产效率，如何对产品或建筑进行维修保养等。工程师们永远把敬业奉献，严谨笃实融入血脉，尊重科学、吃透技术、把握规律，严格按程序、按标准办事，做实事，求实绩。

3. 精益求精，臻于卓越

中国科技、制造领域已经取得的伟大成绩是几代工程师几十年磨一剑、久久为功、实干奋斗的结果。从大国到强国的艰难跨越中，更需要工程师们永远把精益求精，臻于卓越作为标杆，屏蔽外界浮躁情绪的影响，忍得住诱惑、耐得住寂寞，甘坐冷板凳、肯下苦功夫，始终以钉钉子精神打磨世界一流的科技工程。

4. 团结协作，自立自强

当前的工程任务往往规模宏大、技术复杂、高度集成，涉及众多领域和技术部门。工程师作为众多环节的协作枢纽，需要统筹考虑技术、进度、资源、人文、环境等条件，协作成员专长不同、知识不同、性格不同、具体工作性质不同、思考问题方式不同，要想顺利开展工作，就要围绕共同目标，找到共同语言，达成共同意见。这有时比单纯的技术攻关更难，这要求工程师们除个人名利的不当干扰，永远把团结协作、自立自强作为法宝，拿出破釜沉舟的决心，拿出敢为天下先的勇气，以创新驱动为引领，占据技术制高点，提升工程系统效率和质量。

2024年1月19日，"国家工程师奖"表彰大会在人民大会堂举行，81名个人被授予"国家卓越工程师"称号，50个团队被授予"国家卓越工程师团队"称号。这些新时代工程师队伍的优秀代表牢记初心使命、胸怀"国之大者"，在重大工程建设、重大装备制造、"卡脖子"关键核心技术攻关、重大发明创造等工作中，矢志爱国奋斗、锐意开拓创新，取得一批先进工程技术成果，不断提升国家自主创新能力，更好地满足了人民日益增长的美好生活需要，生动诠释了中国工程师精神。

■ **案例**

让"一眼千年"再续千年

在茫茫大漠中，有一支这样的团队，他们来莫高窟如同一场梦，这一梦，就成了一生，到莫高窟只看了一眼，这一眼，就延续了千年，这就是敦煌研究院文物保护团队。

80年前，以常书鸿先生为代表的一批文物工作者坚守西北大漠，开创了敦煌莫高窟保护、研究、弘扬的事业。如今，敦煌研究院文物保护团队已发展到200余人，他们甘愿用青丝华发换来文化瑰宝青春永驻，为建设世界文化遗产保护的典范而持续奋斗。2024年1月，敦煌研究院文物保护团队荣获"国家卓越工程师团队"称号。

莫高窟，这座坐落于河西走廊西部尽头的文化圣殿，拥有735个洞窟、4.5万平方米壁画、2000多尊彩塑，被誉为丝绸之路上最为耀眼的璀璨明珠(如图4.4所示)。然而，黄沙积埋、崖体裂隙、栈道损毁、壁画剥落、塑像倾倒，使这座文化圣殿岌岌可危。

图4.4   莫高窟与第217窟青绿山水

以常书鸿为代表的第一代莫高窟人，面对壁画濒临大面积脱落、颜料层表面起翘、水渍泥沙污染以及被昆虫和其他微生物破坏等现象，克服常人难以想象的艰难困苦，树立起"保护第一"的责任意识，拉开了敦煌文物保护的历史大幕。针对壁画修复材料，第一代莫高窟人面对国外的技术封锁，向化学材料专家反复请教，遍寻数十种修复材料，采取蒸、煮等高温方法筛选材料，终于找到理想的修复材料，结合医用注射修复方法，形成了我国第一代壁画起甲的修复工艺和技术。此后，一代代莫高窟人不忘初心，赓续接力，坚守大漠，广寻良策，以科学研究为基础、以人才培养为核心、以工程实践为重点，在全面评估洞窟壁画历史、艺术和科学价值的基础上，使用大量分析设备，对壁画颜料、制作工艺以及现存问题进行分析研究，开展防治沙害、洞窟微环境等研究，文物保护理念及方法不断创新，破解无数"卡脖子"问题，创造出中国文物保护可持续高质量发展的"敦煌经验"和"中国方案"。

有着壁画"癌症"之称的酥碱是对敦煌石窟壁画危害最大且最难治理的病害之一。敦煌研究院文物保护团队历时几年研究，找到了酥碱病害产生的"元凶"，即壁画颜料层下面有一层绘制壁画的泥层，叫地仗。地仗层中，有大量可溶盐。空气潮湿时，可溶盐吸收湿气，就会潮解；空气干燥时，可溶盐失去水分，又重新变成白色的结晶小颗粒。结晶、潮解、结晶、潮解……反复之间，就造成壁画酥碱，使壁画颜料层与地仗层失去粘连，起甲剥离，甚至整个地仗层全部脱落。敦煌研究院文物保护团队又历时 7 年，尝试了 80 多种配方，创造了"灌浆脱盐"技术，把盐从壁画中脱离出来，并在莫高窟第 85 窟完成修复工作。莫高窟第 85 窟不仅根治了壁画"癌症"，成为中国壁画保护的一个经典案例，在中国壁画保护史上具有里程碑的意义，同时也确立了一整套壁画保护的科学方法和工作程序，促成了《中国文物古迹保护准则》的出台。莫高窟第 158 窟壁画修复现场如图 4.5 所示。

图 4.5　莫高窟第 158 窟壁画修复现场

敦煌研究院文物保护团队针对起甲、疱疹、龟裂、盐霜、空鼓等 20 余种不同类型病害，克服重重困难，从分析"病症"，到研究病害机理，再到研发保护材料和专用装置，再到"对症下药"，逐渐形成酥碱脱盐、起甲回贴、空鼓灌浆等古代壁画病害修复关键技术。

敦煌研究院文物保护团队为了莫高窟"延年益寿"，与时俱进，不断创新，综合运用科学技术手段，合力为珍贵文化遗产织就"金钟罩"。针对莫高窟风沙侵蚀危害，构建起以"固"为主，固、阻、输、导相结合，由工程、生物和化学措施组成的多层次、多功能的风沙危害综合防护体系，使进入窟区的积沙量减少 85%以上，有效地减轻了风沙尘对石窟围岩及壁画彩塑的损害程度；为应对莫高窟游客承载量问题，敦煌研究院文物保护团队研发了复杂空间、多元异构的壁画数字化技术体系，历时 12 年建成了数字展示中心，实现"总量控制、线上预约、数字展示、实体洞窟"的旅游开放新模式，将莫高窟游客最大日承载量由之前的 3000 人次提升至 6000 人次，实现保护和开放的"鱼和熊掌兼得"；运用眼科医生的 OCT 图形技术进行壁画分析；运用骨科诊疗的 X 射线透视，探查壁画内部结构损伤情况；运用 3D 打印技术，提高修复工作的准确性。搭建莫高窟监测预警系统，莫高窟的大环境、微环境、崖体与洞窟本体，以及游客与文物安全等动态情况尽收"眼底"。

敦煌研究院文物保护团队在壁画塑像方面形成的一系列壁画保护技术体系，成功应用于全国各地的世界文化遗产，先后形成国家和行业技术标准 10 项、专利 53 件，获全国十佳文物保护工程等省部级奖励 11 项(占壁画入选总数的 2/3)，抢救了 13 省区 153 处文化遗产，为古代壁画和彩塑保护提供了"中国方案"，引领了国内外壁画、彩塑保护研究和工程实践的方向；在攻克新疆吐鲁番交河故城遗址、嘉峪关长城、锁阳城遗址等崖体失稳、渗水、坍塌、风化、开裂等防治问题中，建立了基于传统材料与工艺的综合保护技术体系，广泛应用于国内石窟寺与土遗址，先后形成国家和行业技术标准 6 项、专利 68 件，获国家科技进步奖 1 项、省部级和行业奖励 10 项，抢救了 12 省区 144 处遗址，开创了我国土遗址和石窟寺保护工程模式；为应对良渚、石峁、大河口西周墓地等考古发掘现场出土文物快速劣化、消失的世界难题，研发了我国首座考古发掘现场移动实验室，构建了出土现场保护技术体系，有效支撑了国内 21 处遗址的抢救性保护，其实验平台及工作模式推广应用于 10 余省 100 余项考古工程。成果形成国家和行业技术标准 3 项、专利 23 件，获国家科技进步奖 1 项、省部级科技奖 3 项，创建了考古发掘现场文物保护新模式，为中华文明探源工程提供了强有力的科技支撑。

此外，敦煌研究院文物保护团队还积极与印度、柬埔寨、尼泊尔、伊朗、阿富汗、巴基斯坦、乌兹别克斯坦、吉尔吉斯斯坦等国对接或签署战略合作协议，为保护技术辐射共建"一带一路"国家奠定了坚实基础。

1650 多年前，无数工匠一瓦一石，开凿洞窟；无数画工一笔一画，勾描塑造，携手为世界留下宝贵的敦煌文化，璀璨了千年。1650 多年后，敦煌研究院文物保护团队为了守护千年文脉的根与魂，以青春和生命诠释了"坚守大漠、勇于担当、甘于奉献、开拓进取"的"莫高精神"。

4.3.3　工程师伦理责任

1. 工程师的职业伦理责任

工程师的职业伦理责任是指工程师在从事工程活动中应具备的基本道德品质和职业精神。工程师在进行工程活动时有义务遵循工程活动的职业伦理规范。工程师的职业伦理规范明确规定了工程师作为职业人员，必须忠于自己的职业，遵守本职业特定的职业伦理，坚持本专业业已确定的标准，并以此指导技术的应用。

工程师的职业伦理责任首先表现为对产品的严格责任。随着工程的日益复杂化以及工程产品的日益普及化，对工程师设计、制造的工程产品的安全性能与环保效能提出了更高的要求。保证工程产品的质量和安全很大程度上依赖于工程师诚实、公正、讲信用等良好的品德，这促使工程师不仅要避免设计失误、施工疏忽等过失，还要尽到注意的义务，尽可能考虑产品到达最终用户手中可能出现的各种情况，尽最大努力消除可能存在的微弱隐患。

工程师的职业伦理责任还表现在工程活动中的诚信。诚信不仅是立德修身之本，也是有序的市场经济最基本的道德规范要求。工程师应诚实地对待工程问题，杜绝篡改、拼凑、伪造和剽窃、偷工减料，以次充好等不道德的行为，提升自我专业责任感，真正为公众的安全、健康和福祉保驾护航。

在产品的整个生命周期中，从产品设计、生产、制造、成品、使用一直到产品的报废，整个过程都蕴涵道德问题和伦理问题，各个环节都涉及到工程师的职业伦理责任。学者马丁等人在《工程伦理学》中全面归纳了工程在职业活动各环节中伦理责任的具体表现，如表 4.3 所示。

表 4.3 工程师职业伦理责任

工程职责	典型职业伦理责任问题
概念设计	产品有用吗？是不是非法的？有没有潜在的危害？
市场研究	市场研究是客观、无偏见的，还是为了吸引投资者？
产品规格	符合已颁布的标准和准则吗？有没有现实可行性？
合同	能满足费用和工期的要求吗？是否有低价中标然后再通过谈判抬高价格的情况？
分析	是否由有经验的工程师对计算机程序显示的结果进行可靠性分析？
设计	是否开发了备用方案？是否提供安全出口？强调用户的友好吗？是否侵犯专利？
购买	在现场时是否对收到的材料或部件进行质量检验？
部件制造	工作场合是否安全，有无噪声和毒烟排放？时间上能否保证高质量的工艺？
组装与建造	工人熟悉产品的目的和基本性能吗？产品的安全性由谁监管？
产品最终测试	检验者是否能够独立处理制造和建造事物？
产品的销售	是否存在贿赂？广告是否真实？向客户提供有益的建议吗？是否需要让顾客知情同意？
安装与运行	用户接受培训了吗？安全出口是否检验？周遭的邻居对可能的毒物排放了解吗？
产品的使用	保护用户免于伤害吗？用户是否被告知可能存在的风险？
维修和修理	维护工作是由称职人员定期进行的吗？制造方是否留有备件？
产品回收	是否接受对使用过程进行监视的委托，如有必要，有回收产品的必要吗？
拆解	在产品的生命周期结束时，如何对有价值的材料进行回收再利用和对有毒废物进行处理？

2. 工程师的社会伦理责任

工程师在工程活动中，会与雇主、管理者、同行、客户等人群产生各种交往，形成错综复杂的利益关系。因此，根据交往对象的不同而承担不同的伦理责任。

1) 对雇主的伦理责任

工程师的职业特点决定了当工程师在接受公司的薪金时，他们已经接受或认可了要忠诚于雇主的伦理责任。所谓忠诚，是指对国家、人民、事业、上级、朋友等真心实意、尽心尽力。忠诚是维系社会关系的有力纽带，代表着诚实、守信以及服从，是对生活在组织、集体、社会之中的人必不可少的义务要求。

作为雇员，工程师有对企业忠诚的义务，工程师应该竭尽自己的才能和智慧，真诚为雇主提供最佳服务，维系双方互信互利的关系。例如，美国国家专业工程师学会(National Society of Professional Engineers，NSPE)的伦理章程就明确指出：未经现在或先前的客户、雇主或他们服务过的公共部门的同意，工程师不应泄漏任何涉及他们的商业事务或技术工艺的秘密信息。

工程师对公司或雇主的忠诚，在不同阶段有不同的表现方式。例如，在工程决策阶段，由于雇主与工程师考虑问题的出发点不同，雇主关注的是企业的成本与经济效益，工程师则倾向于维护工程的安全和质量标准，故收集信息的重点存在差异性。在这种情况下，作为工程师向雇主实事求是地摆出与工程相关的所有事实的真相，在雇主做出与自己职责相关的决策时，尽职尽责提出自己的意见或建议，而不是单纯考虑雇主的喜好或选择执行上司的命令。也就是说，基于对雇主的忠诚，选择保障公司的长远利益和维护公众形象，按照职业的标准尽最大努力保障工程的安全质量；在工程实施阶段，工程师应当无条件执行雇主的决策，而不是自以为是、自作主张。良好的执行可以弥补决策过程中的不完美，一个完美的决策也会因为蹩脚的执行而变得非常糟糕。雇主的决策一旦做出，工程师应当按照雇主的指示行事。在这个阶段，工程师应坚定不移、尽心尽力地执行决策。

2) 对管理者的伦理责任

工程师与管理者都是以自己的专业知识服务于雇主，在追求企业利益的同时，实现个人价值，二者在总体目标上是一致的。但在现实工程活动中，由于分工的不同，导致双方价值观和立场存在差异。管理者是公司聘请开展企业经营管理的人员，他拥有相应的管理权力，其职责就是为公司创造最大的利润。如果管理者片面追求利润最大化，那么很难在伦理道德上给予足够的重视。例如，产品存在缺陷会造成潜在的安全隐患，经理往往从企业的利益出发，认为潜在的危险不会转化为现实的危险，要求企业继续生产该产品，在这种情况下，工程师能否为了伦理道德，冒着被解雇的风险向雇主或相关部门，甚至是社会公众反映问题？

3) 对同行的伦理责任

随着工程涉及的技术越来越多，一项工程的顺利实施单靠工程师个人的力量是无法做到的，离不开不同专业的工程师共同协作。共同参与、互相合作、协同分工成为工程师的主要职责。因此，工程师对同行的伦理责任表现在如何处理合作与竞争之间的关系，工程师们既要具备团队合作精神，与同行精诚合作、和谐共处，又要在面对竞争时公平比试，自觉抵制贬低对手、暗箱操作等不道德的行为。

4) 对工人的伦理责任

在工程的实施中，工人的主要任务是按照工程师设计的方案开展生产制造活动。由于工程师设计的方案不可能达到尽善尽美，工人按照设计方案进行生产制造的过程中常常会发现方案的不足之处，并且向工程师提出自己改进后的方案，这时，工程师是为了自己的自尊而拒绝工人的建议还是积极与工人沟通，谦虚接受工人建设性的建议？

5) 对客户的伦理责任

工程师对客户的伦理责任主要通过产品责任来体现，不但要为用户提供安全可靠的产品，还要通过人性化的设计实现客户方便舒适的操作。

将公众的安全、健康和福祉放在首位是工程师职业伦理规范的首要责任，引导工程师做出正确的伦理决策，这既是公众的一种期望，也是工程师的一种使命。面对雇主不道德的行为，工程师往往会陷入忠诚与背叛的两难境地。这种困境既有雇主利益与公众利益的冲突，也有自身利益与雇主利益的冲突。当公众利益与雇主利益发生冲突时，如果工程师为了公众利益而披露问题，阻止工程项目的继续，工程师可能受到雇主、公司同事的指责，被冠以"背叛"的罪名。而工程师在面对可能危害公众或其他不知情人的利益时，知情不报，使工程项目顺利实施，雇主得到其想要的利益，工程师也可能得到经济报酬，以及上司的提拔，但这违背对社会忠诚的责任。

因此，当工程主体之间利益发生冲突，价值观不一的时候，要以民众利益为主，要敢于举报工程实践活动中一切威胁民众和危害社会的行为，这是工程人员的职业权利。马丁和辛津格认为：举报不是医治组织最好的方法，仅仅是一种最后的诉求。所谓举报是组织的雇员或曾经的雇员以不被组织所认可的方式，向处于某一职位并能够对组织的行为采取一定行动的人告发有关组织或雇主的不道德或违法行为，从而使组织的违法活动被制止的行为。

工程师在采取举报行动之前，应当谨慎判断，理性举报。工程师行使举报权利，应满足四个条件：

(1) 确定存在实在或潜在的严重伤害，举报确实能避免重要伤害的发生。对于是否走向公众，当事者要谨慎。如果能采取补救措施，就不必举报，如果雇主长期视而不见，为采取补救措施，则可对外揭发。

(2) 证据确凿充分。

(3) 把握性较大。举报者能够理性判断，不能以自己的职业生涯和经济损失去冒险。

(4) 没有退路，别无选择。通过正常渠道与直接上司交换过意见，但没有得到满意的答复。

3. 工程师的环境伦理责任

工程师与其他职业活动最大的不同在于对自然环境的影响更直接，更强烈，其他职业活动，如律师、教师、医生等主要是与人打交道，工程师的职业活动是利用自然环境提供的资源进行工程产品的设计和制造。因此，工程师为环境伦理原则的运用者之一，是维护生态平衡以及维持可持续发展的有生力量。工程师应将自然纳入伦理关怀的对象，秉持可持续发展的观念，主动承担起节约资源、保护环境的责任，从而实现代内发展的可持续性以及代际发展的可持续性。

目前，国外的一些工程协会在制定工程伦理规范时，会把环境伦理规范纳入其中。世界工程组织联盟给出的工程师的环境伦理规范，共有七条，具体如下：

第一条　尽你最大的能力、勇气、热情和奉献精神，取得出众的技术成就，从而有助于增进人类健康和提供舒适的环境(不论是在户外还是户内)。

第二条　努力使用尽可能少的原材料和能源，并只产生最少的废物和任何其他污染来达到你的工作目标。

第三条　特别要讨论你的方案和行动所产生的后果，不论是直接的或是间接的、短期的或是长期的，对人们健康、社会公平和当地价值系统产生的影响。

第四条　充分研究可能受到影响的环境，评价所有的生态系统(包括都市的和自然的)可能受到的静态的、动态的和审美上的影响，以及对相关社会经济系统的影响，并选出有利于环境和可持续发展的最佳方案。

第五条　增进对需要恢复环境的行动的透彻理解，如有可能，改善可能遭到干扰的环境，将它们写入你的方案之中。

第六条　拒绝任何牵涉不公平地破坏居住环境和自然的委托，并通过协商取得最佳的、可能的社会与政治解决方法。

第七条　意识到生态系统的相互依赖性、物种多样性的保持、资源的恢复及其彼此间的和谐协调形成了我们持续生存的基础。这一基础的各个部分都有可持续性的阈值，那是不容许超越的。

这七条表达了工程师要遵循环境伦理规范的要求，智慧地处理工程中所遇到的问题，在考虑技术可行性方面的同时，还要更多地考虑环境的可行性，尤其是可持续性。

4.4　工程师的伦理冲突

4.4.1　角色冲突

工程师在社会生活中承担着多重角色，不同的角色具有不同的责任。当这些不同角色的义务和责任发生冲突时，就会导致工程师面临艰难的选择。

1. 工程师角色与企业雇员角色

工程师作为职业人，其职业理想是造福社会，作为企业雇员，要忠于雇主，应将企业利益的最大化置于首位。当二者产生冲突的时候，则面临着忠于职业还是忠于雇主的选择。一方面，工程师作为企业的雇员，从企业领取薪水，应该对企业忠诚，尽职尽责的为企业获取利益；另一方面，当雇主以损害公众利益为代价获取最大化利益时，工程师的职业伦理准则要求他们将公众的安全、健康和福祉放在首位，这时候工程师则会陷入不同角色的义务冲突中。

2. 工程师角色与管理者角色

当工程师既是职业人，也是管理者时，由于二者的职业利益不同，这使得他们成为统一组织中不同范式的共同体，即技术岗的工程师和管理岗的工程师。作为技术岗的工程师，主要考虑产品的质量和安全；而作为管理岗的工程师则更多从团队的工作效率和效益考虑问题。因此，身兼这两种岗位的工程师在做出决策时，则要考量自己是处于什么岗位而做出的决策，是工程决策还是管理决策，否则工程师将陷于两种角色要考虑的多方面问题而做出错误决策。例如，美国"挑战者"号失事的悲剧就是一个非常典型的由于工程师角色冲突导致错误决策的案例。

3. 工程师角色和社会公众角色

工程师除了是职业人外，还是社会公众的一员，和公众一样要尊道守德。通常情况下，工程师会将公共的善置于首位，这与公众的尊道守德是一致的，此时不会产生冲突。但工程活动是一项复杂的社会实践，涉及企业、工程师以及社会公众，工程师在促进工程顺利实施的过程中，可能会与公众的尊道守德发生冲突，此时工程师就会陷入角色冲突。

工程师的角色冲突一定程度上体现了价值排序，也就是说不同的应然行为都是应当做的，但是又无法同时完成，选择其中一种行为，就意味着放弃另一种行为。从另一个角度也说明工程师职业伦理章程没有充分考虑到生活的复杂性，只是从规范的层面上告知工程师在一般情境中应该如何行动，却并不能在具体的工程实践场景中，为工程师的选择提供指南。

为了应对角色冲突，一方面需要不断建设和完善技术标准和职业标准，另一方面，工程师回归到工程实践中，应当不墨守成规，不断提升自身道德素养，将这些规范条文内化于自己的道德原则，成为一个具有独立意志、善思考和有情感的工程师。

4.4.2　利益冲突

工程社会活动中存在不同的利益主体，他们有着各自的利益诉求。当某种行为影响到不同群体的利益时，利益冲突就会产生。利益冲突是人类社会生活中普遍存在的一个社会现象，正如马克思所说："人们奋斗所争取的一切，都同他们的利益相关。"所谓利益冲突，是指不正当的利益因素是否影响工程师做出正确的职业判断。

1. 利益冲突的产生原因

1) 不同利益群体的价值目标不同

每个利益团体持有不同价值的目标，依据目标都试图通过对风险的界定来保护自己的利益免受损失。从工程师的角度，工程师通常以功利主义的态度判断工程中的风险是否可接受。从政府管理者的角度，政府管理者认为不能保护公众的整体利益是不可接受的风险。从公众的角度，公众只想保护自己免受风险的威胁。从其他工程参与人员的角度，比如工程承包商，则更倾向于重视盈利风险。

2) 成本与效益之间存在矛盾

工程活动是一种经济活动，通常是以产量、产值、效益等经济指标进行衡量，其成功的标准是最大限度地获取经济效益，这是大多数工程活动的着眼点。成本控制是实现经济效益的重要基础，在控制成本与追求经济效益之间不可避免地存在平衡问题，从而导致不同的利益群体对这一问题有不同的看法。

3) 工程中公平公正

公平公正是伦理道德中强调的一种行为规范和评价标准，但是由于资源的有限性，这必然涉及在不同的工程共同体之间如何公平公正分配有限的资源。如果资源分配不公，则必然导致利益冲突。

2. 利益冲突的类型

工程活动涉及社会生活的各个方面，当工程活动中的"利己原则"与伦理道德中的"利他原则"产生激烈冲突时，工程师陷入"利"与"义"的两难抉择。

工程中的利益冲突既包括了工程师与雇主或客户之间的冲突，也包括了工程师与社会公众之间的冲突。

1) 工程师与雇主或客户之间的利益冲突

工程师受雇于公司，理应代表雇主的利益。但是，当雇主或客户所提出的要求违背工程师的职业伦理或者可能危害到社会公众的安全、健康和福祉时，工程师是与雇主或客户进行抗争，还是屈服于雇主或客户的要求。同时，工程师作为一名普通人，有追求自身利益的权力，当私人的利益(如贿赂、回扣等)影响到工程师的职业判断时，工程师由此产生利益冲突，从而做出不利于雇主或客户的利益判断。

2) 工程师与社会公众之间的利益冲突

公众的利益是利益冲突的一个重要组成部分。工程师既是企业的一员，也是社会大众的一员。工程师既要考虑企业的利益，也要为社会公众的健康、安全和福祉负责。一方面，当工程师面对公众利益与个人利益的选择时，利益冲突发生；另一方面，当企业利益与公众利益发生冲突，雇主或客户所提出的要求影响到了工程师的职业判断，进而使得社会公众的健康、安全与福祉受到损害时，就会发生利益冲突。

当利益冲突发生时，工程师为了维持雇主、客户与公众的信任，保持自身作为工程师职业判断的客观性，具体到工程实践情境可通过拒绝、放弃、离职、不参与其中、披露等五种方式回避利益冲突。拒绝、放弃、离职、不参与其中都是以损失个人利益为代价放弃产生冲突的利益。披露能够给那些依赖于工程师的当事方以知情同意的机会，以便做出利益调整。

4.5 本章小结

在现代工程活动中，工程师作为工程实践的主体，是推动工程科技造福人类、创造未来的重要力量，在工程技术研发、决策、实施和管理过程中扮演着重要的角色。工程的技术复杂性和社会关联性要求工程师不仅要具有深厚的专业知识和较强的专业技能，能够创造性地解决有关技术难题，还要受到职业道德、工程伦理的约束，处理好与工程活动关联的各种社会关系，承担起各种社会和环境责任，促进社会和环境的可持续发展。本章主要介绍了工程师的定义、特点以及工程师的能力，诠释了中国工匠精神和中国工程师职业精神的发展以及中国工程师精神的内涵，阐述了工程师伦理责任以及工程师的伦理冲突。

4.6 案例分析题

(1) 阅读"'芯片之母'黄令仪"案例，回答以下问题：

① 作为一名工程师，应具有哪些职业美德？

② 如何在创新中实现自己的人生价值？

"芯片之母"黄令仪

芯片技术是国家"工业心脏"。在 1989 年的一次国际芯片展上，一名外国人嘲讽："中国根本没能力造芯片，哪怕造出来也要落后世界至少 20 年。"当时，一名 53 岁的中国老人闻之，更加坚定为祖国造芯片的决心，"我这辈子最大的心愿，就是用技术成果，擦干祖国身上的耻辱！"。她就是被称为"中国芯片之母"的黄令仪。

黄令仪出生于 1936 年，她为我国的芯片事业奉献了一生。她曾领队研发出了中国第一台微型计算机"156 组件计算机"，梦想着能有机会做出中国自己的"芯片"。黄令仪不坠报国之志，66 岁时放弃退休，重回一线，受邀进入胡伟武所领导的"龙芯课题组"，相继带队成功研制出龙芯系列芯片。如今，龙芯 3 号已广泛应用于高铁动车、导航卫星等领域，帮助国家摆脱了对欧美发达国家的技术依赖，累计节省经费上万亿。而年过八旬的她病痛缠身仍不忘初心，坚持奋斗在一线，为国磨剑。2019 年 1 月，黄令仪成为 CCF 夏培肃奖项的获得者，她的一生都在为我国芯片技术的发展而拼搏。

(2) 阅读"'挑战者'号航天飞机"案例，回答以下问题：

① 作为一个合格的工程师，应当以何种态度看待工程中出现的漏洞？

② 当公司总裁曼森要求工程副总裁伦德摘下工程师的姿态，拿出经营管理者的气概，伦德应该坚持不发射"挑战者"号的主张吗？

③ 结合案例，辨析工程师"职业伦理"和"个人伦理"的异同。

"挑战者"号航天飞机

1986 年 1 月 28 日，美国"挑战者"号航天飞机在发射升空 73 秒后发生爆炸，机上 7 名宇航员全部遇难。导致这次事故发生的原因是航天飞机右侧固态火箭推进器的橡皮密封 O 形圈失效，致使原本应该密封的固体火箭助推器内的高压高热气体泄漏。高压高热气体影响了毗邻的外储箱，在高温的烧灼下结构失效，右侧固体火箭助推器尾部脱落分离，如图 4.6 所示。这次灾难性事故导致美国的航天飞机飞行计划被冻结了长达 32 个月之久。

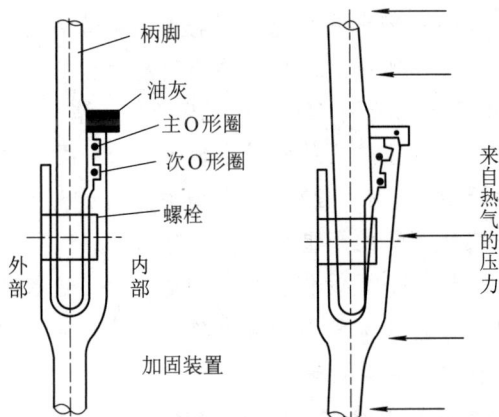

图 4.6　航天飞机固态火箭推进器 O 形圈

发射前一天，发射场的温度骤降到 -4℃，承包商莫顿·塞奥科公司的设计 O 形密封圈的首席设计工程师鲍伊斯·杰利和他的同事们认为温度太低，O 形密封圈在低温下老化会失去弹性，从而引发燃料外漏，建议取消发射。但由于沟通有限，他们未能充分地将技术隐患报告给他们的上级。

NASA 管理层咨询莫顿公司的管理团队，莫顿公司总裁曼森要求工程副总裁伦德摘下工程师的姿态，拿出经营管理者的气概，伦德因此改变了原本同意工程师们"不同意发射"的意见，选择同意发射"挑战者"号。NASA 最终做出发射"挑战者"号的决定。

(3) 阅读"工程师之戒"案例，回答以下问题：

① 从工程风险的角度，分析魁北克大桥两次垮塌的原因。

② 工程师之戒给予我们怎样的启示？

工 程 师 之 戒

工程师之戒(Iron Ring，又译作铁戒，耻辱之戒)被誉为"世界上最昂贵的戒指"，是出类拔萃的工程师的杰出身份和崇高地位的象征；这枚戒指起源于加拿大的魁北克大桥，如图 4.7 所示。这座大桥因设计建造的隐患因素，曾导致两次悲剧发生。

图 4.7　工程师之戒与魁北克大桥

圣劳伦斯河是加拿大魁北克最重要的河流，是魁北克最重要的交通线。随着城市的发展，魁北克急需一座横跨该河的交通桥。但圣劳伦斯河水流湍急，施工难度极大。

魁北克大桥始建于 1900 年，魁北克桥梁公司聘请当时著名的桥梁建筑师西奥多·库珀建造魁北克大桥。库珀为了减少水中建筑桥墩的不确定性和冬季冰塞的影响，将原本设计方案中桥的主跨净距由 487.7 米增长到 548.6 米。1907 年，施工人员发现该桥弦杆变形，弦杆上已打好的铆钉不再重合，受压较大的杆件出现了弯曲，并且呈现加剧的态势。但库珀此时并没有意识到问题的严重性。8 月 27 日，工地施工人员因桥梁结构变形越来越严重而不得不暂停施工，库珀才感知问题的严重性，但为时已晚。8 月 29 日下午 5 点 32 分，桥梁发生垮塌，造成 75 人丧生，11 人受伤。事故调查显示，这起悲剧是由于工程师在设计中低估了结构恒载，即部分构件实际受到的应力超过设计时估计的经验值，从而导致悬臂根部的下弦杆失效，使得杆件存在设计缺陷。

1913 年，魁北克大桥重新开始设计、建造，新桥的主要受压构件的截面积比原设计增加 1 倍以上，可历史血的教训人们并没有充分吸取。1916 年 9 月，由于某个支撑点的材料指标不到位，大桥再次发生断裂，悲剧再一次重演，造成 13 名工人死亡。1917 年，在经历了两次惨痛的悲剧后，魁北克大桥再次进行修建，最终顺利建成并通车。魁北克大桥为铆接钢桁架结构，全长 987 米，宽 29 米，高 104 米，悬臂 177 米，是迄今为止世界上最长的悬臂跨度大桥。

两次工程灾难将工程师的责任问题上升到前所未有的高度，对工程师教育提出更高的要求。1922 年，加拿大七大工程学院出资将倒塌过程中的所有残骸一并买下，决定把这些钢条打造成一枚枚戒指，并通过举行一个独特而又神圣的毕业仪式——吉卜林仪式(又被称作铁戒指仪式)发给工程学院毕业生。由于当时加工技术的限制，这些钢条并没能被打造成戒指，而是用新的钢材代替。戒指被设计成扭曲的钢条形状，借以代表大桥坍塌的残骸。这就是闻名工程界的工程师之戒。

工程师之戒佩戴在用于绘图或者计算的优势手的小指上，不仅给予工程师骄傲和荣耀，也赋予他们责任和义务以及对工程的敬畏和谦逊。同时，这枚戒指也是一种警示、一种告诫，是工程师心里的警钟，时刻提醒工程师要铭记工程师誓词，铭记工程师之于社会公众的责任。

第 5 章

如何践行跨文化工程实践

在全球化的浪潮中，各国之间的联系和交流越来越紧密，中国工程也逐渐走向世界舞台，中国跨文化工程实践秉持丝路精神和"义利相兼、和而不同、务实有为、诚朴尽责"的价值原则，在中西文化互鉴中坚守"人类共同价值"理念，不断加强合作、谋求共赢，维护和拓展各自正当国家利益，以中国文化的自信和伦理智慧不断践行构建人类命运共同体。

本章学习目标

(1) 理解文化、工程文化和跨文化工程的内涵。
(2) 理解跨文化工程的伦理困境。
(3) 理解和掌握跨文化工程伦理观，特别是丝路精神和跨文化工程的价值原则。
(4) 了解跨文化工程实践的伦理规范。

引例：传音手机出海

深圳传音控股股份有限公司(简称"传音")成立于 2006 年，是一家从事以手机为核心，多品牌终端生产的高新互联网企业，旗下有 TECNO、itel 以及 Infinix 三大手机品牌，同时涉及自主智能操作系统研发、数码配件、家用电器领域，提供售后服务、互联网广告以及娱乐服务等业务。据统计，传音手机占据着整个非洲大陆 50 多个国家和地区近一半的市场份额，持续保持在非洲市场的领先优势，被称为"非洲手机之王"。2019 年，传音在科创板上市，被称为"科创板手机第一股"。

非洲大陆 50 多个国家和地区由于其民族、语言、宗教等十分复杂，且 2008 年的非洲各国经济发展水平普通较低且发展程度差异大，基站等通信基础设施建设滞后，因此手机普及率很低，这很难吸引众多巨头的关注和重视，但也恰恰给了传音这个新兴品牌难得的机遇。同年，传音避开竞争激烈的国内和欧美市场，推出 TECNO 和 itel 手机，开启传音在非洲大陆的征途。

传音积极贯彻"全球化思维，本土化行动"的理念，针对非洲市场的需求，不断致力于产品的本土化创新。例如，常规手机对酷爱拍照的非洲人不太友好，通常难以捕捉到人脸，特别是晚上。为此，传音结合深肤色影像引擎技术，定制 Camera 硬件，专门研发了基于眼睛和牙齿来定位的拍照技术，并加强曝光，加上"智能美黑"黑科技，俘获了众多非洲用户的心。非洲大陆 50 多个国家和地区有着众多的运营商，而且不同运营商之间的通话资费高昂，一个非洲当地人有三四张电话卡是较为普遍的现象。为了解决非洲用户的这个痛点，传音开发了"四卡四待"机型。非洲人民热爱音乐和跳舞，重视手机的音乐播放功能，传音就专门开发了"Boom J8"等机型，把手机音响变成低音炮，即使在很嘈杂的大街上，也能让他们随着手机的歌曲起舞，传音还贴心地为手机配备了头戴式耳机。同时，传音还适时推出自主与合作开发的应用程序，包括音乐流媒体 Boomplay、新闻聚合应用 Scooper、移动支付应用 Palmpay 和短视频应用 Vskit 等。其中，Boomplay 目前已是非洲最大的音乐流媒体平台。针对非洲天气普遍炎热、早晚温差大、部分地区经常停电等问题，传音还针对性地研发了低成本高压快充技术、超长待机技术、耐磨耐手汗陶瓷新材料和防汗液 USB 端口等。

在非洲的大街小巷，无论是电线杆还是围墙，从内罗毕的机场道路到坎帕拉的贫民窟，从肯尼亚的边境小城 Kisii 到卢旺达的旅游城市 Rubevu，只要有墙的地方，就少不了传音手机的涂墙广告，传音正是通过这些接地气的方式来推广其新产品，提升当地用户的认知度。同时，传音给渠道经销商足够的让利空间，并通过驻场指导、统一宣传等形式助力各地经销商销售产品。较高的利润水平和良好的合作体验让传音与各地的经销商建立了长期、良性的合作关系。售后服务品牌 Carlcare 已在全球建有超过 2000 个直营或合作网点，是非洲最大的电子类及家电类产品服务解决方案提供商。

传音是一家负责任的公司，不仅积极参与移动业务的发展，还会积极参与当地社区的文化建设，各种扶贫、援助当地教育等社会公益活动也同步推进。例如，自 2020 年起，传音与联合国难民署合作，携旗下手机品牌 TECNO 支持联合国难民署全球教育项目"教育一个孩子(Educate A Child，EAC)"，帮助非洲难民儿童改善教育条件，获得更多的受教育机会，为促进当地社会和谐发展积极贡献力量。2021 年开始，传音旗下品牌 itel 在非洲地区推出"itel 小小图书馆"计划，目标是一年内在非洲完成 1000 家 itel 小小图书馆的搭建，让当地儿童拥有更充足的学习资源。截止到 2021 年底，itel 小小图书馆已在非洲七个国家顺利落地，210 个小小图书馆进驻本地不同的学校，受益的学生人数超过 3.2 万。

传音在非洲市场的成功不仅成就了自己，也给非洲人民带去了福音，更为中国品牌出海拓展了更多的想象空间。

思考：

(1) 跨文化工程实践会面临什么样伦理挑战？

(2) 如何有效地践行跨文化工程实践？

5.1　跨文化工程实践的伦理挑战

5.1.1　跨文化与工程

1. 什么是文化

文化作为一种社会现象，是指人类在历史发展过程中所创造的物质财富和精神财富的总称。1982 年，在墨西哥召开的世界文化大会上发表的《宣言》中指出："文化是体现一个社会或一个群体特点的那些精神的、物质的、理智的和情感的特征的完整复合体。文化不仅包括艺术和文学，而且还包括生活方式、基本人权、价值体系、传统和信仰""文化赋予我们自我反思的能力，文化赋予我们判断力和道义感，从而使我们成为有特别的人性的理性的生物"。不同文化对世界和自然有着不同的理解与看法，形成了不同的好、坏、美、丑的标准。

例如，北京故宫是世界上现存规模最大、保存最为完整的木结构古建筑群之一(如图 5.1 所示)。故宫整体布局以《周礼•考工记》："左祖右社，面朝后市"为据，东西对称，南北为轴。中轴线依次坐落三大殿(太和殿、中和殿、保和殿)、后三宫(乾清宫、交泰殿、坤宁宫)、御花园等主要建筑。北环万岁山，南面金水河，正好与古人"万物负阴而抱阳，冲气以为和"的建宫原则相符，完美、系统地诠释了当时天子至尊、君权神授的核心思想。故宫为大面积的红(屋身)与黄(黄色琉璃屋顶)交织。《易经》有云："天玄而地黄"，黄色的大量应用源于"普天之下，莫非王土"。红色亦为主色之一，象征着希望、满足，有喜庆之意。

图 5.1　北京故宫

北京故宫最大的魅力在于建筑形式所蕴含的文化内涵和审美意蕴。它体现了古代人与自然和谐统一的思想和审美，体现了"以人为本"的实践精神，封建社会宗法制度的秩序井然、等级森严在其建筑中得到了具体的展现和严格的规范。除此之外，故宫还蕴含了传统的五行思想文化和阴阳秩序，并运用了数、形、字、色等一系列建筑符号。故宫布局完整、规模庞大、气势雄伟，是中国古代宫殿建筑的完美典范。

2. 什么是工程文化

工程文化属于文化的一种表现形式，是文化蕴含于工程中的精髓，也是人类在工程实践中所积累的重要财富。工程文化即人们在从事工程活动过程中，能够体现人们价值观或能够指引工程可持续发展的思维方式和行为准则。从"工程"的角度看，工程文化尊重和秉承工程活动的科学精神；从"文化"的角度看，工程文化继承和发扬文化价值和人文精神。因此，工程文化是工程的科学精神和文化的人文精神的有机统一。

工程文化是人类社会工程实践的产物，是源于人类对物质和精神产品使用与消费的需求。例如，中国的长城不仅是中国古代人民智慧的结晶，也是中华民族的象征，象征着中华民族百折不挠、众志成城、坚不可摧的民族精神和意志，这也是这个古代工程的文化内核所在。

工程文化不仅包括工程科学的理论知识，能够反映出文化的一般特征和内容，例如民族习性、时代精神、社会制度等，而且由于工程活动的地域背景、民族背景、时代要求、行业特点以及企业传统等不同，使工程文化不可避免地表现出地域性特征、民族性特征、时代性特征和行业性特征等。工程文化的差异不仅会导致不同的工程实践结果，也影响着工程建设的成败。

3. 跨文化工程

随着科技的不断发展，人类对未知的探索不断深入，现代化工程也随之越来越复杂，工程实践活动越来越多地在跨文化的语境下展开，这就需要来自世界各地不同学科领域的工程技术人员协同合作来推进工程实施。跨文化工程是指在不同文化背景下工程技术人员开展的工程活动。而这类工程活动往往涉及不同国家和地区的人群在宗教信仰、价值观、语言以及风俗习惯等方面的差异和冲突。如何协调来自不同文化背景下的工程技术人员的合作关系，形成统一的工程规范和责任共识，是跨文化工程实践所面对的重要挑战。

5.1.2　跨文化工程的伦理困境

2013 年，中国提出建设"新丝绸之路经济带"以及"21 世纪海上丝绸之路"的"一带一路"倡议，其目标在于与世界共享机遇、共谋发展，从而打造人类命运共同体，这为中国工程在规模和深度上"走出去"提供了历史机遇和时代动力。

随着中国"一带一路"倡议的不断推进，中国工程正在步入"走出去的新常态"，促进着沿线国家和地区的经济发展和社会进步。然而，不同国家和地区之间在社会形态、意识形态、政治格局等方面的差异性使得不同文明、社会、政治、地缘的价值冲突在工程领域交叠复合，这使得中国在实施跨文化工程实践过程中所面临的伦理困境逐渐显现。

1. 伦理观差异

伦理作为处理人与人、人与社会、人与自然之间关系的准则。这些准则是共居地方的人们在人与人、人与自然的长期互动中形成的约定俗成的伦常秩序。因此，伦理是特定文化中有一定约束力和导向性的集体选择和记忆，具有时代性、民族性、地域性的差异。

在跨文化工程中，来自不同文化环境的工程主体会受到不同伦理观的影响。例如，在中国文化中，以"仁""义""礼""智""信"为代表的伦理价值理念成为中国伦理文化的标志性话语，规约人们处理人与人、人与社会之间的关系，体现在工程活动中，则要求践行"以人为本"的理念，遵循自然规律，实现"天人合一"。

2. 国际人文差异

中国文化历史悠久，追求人与自然、人与人、人与自我的和谐，具有"德得相通"的经营心态，但国与国之间存在语言文化、生活习惯、社会习俗及宗教信仰等方面的差异，这种差异不仅会增加工程项目的成本和执行时间，还可能对工程项目的正常运行造成影响。

例如，在我国承建沙特阿拉伯王国麦加轻轨这一工程中，呈现出宗教习俗与国家文化的差异。按照沙特阿拉伯王国当地的规定，如果承建商雇佣当地的劳工，那么必须尊重他们的宗教信仰和习俗。沙特阿拉伯王国对工作时间具有严格规定，如果超出规定的工作时间，就需支付额外的加班工资。按照伊斯兰的教律，工作时间需排除朝觐、斋月期间以及每天 5 次祷告时间，而在麦加城内的施工只能由穆斯林完成。由于宗教习俗与文化差异，加之语言沟通不畅，导致了项目建设进展缓慢以及成本增加等问题。

3. 工程标准差异

我国在一些工程技术标准方面并没有完全与国际接轨，中国与合作国的文化差异使得中国企业往往难以找到既精通业务，又掌握外语，同时还了解当地国情的高素质工程管理人才，从而导致对国际技术标准规范难以真正地理解和掌握，加之业主方的技术要求不合理或过于苛刻，工程技术规范条款复杂以及国内习惯施工做法的影响，都会给工程项目带来损失。

例如，中建钢构有限公司承建阿布扎比国际机场航站楼中央大厅钢结构制作与安装工程项目，阿联酋要求生产建设执行不同于"国标"的"英标"，这就导致中方和阿联酋方对"安全"的理解产生分歧，在建设过程中经常因"安全"问题引发"索赔"，中建钢构有限公司不仅要花费更多的财力来支付阿联酋方的"索赔"，还要耗费更多的人力来维护中方的正当权益，引发的直接后果就是影响施工进度。后来，中方在施工和监理过程中加强了与阿联酋方的交流和沟通，主动采用更为苛刻的"英标"施工，减少双方在"安全"问题上的争议，有效回避了可能因此引发的"索赔"。

4. 法律法规差异

在国内，大型工程的建设与施工、立项、招投标、开工、竣工等环节都处于政府监管之下，而在国外，特别是在英美法系国家，政府除了规划环节以外并不对项目进行审批和监管，业主和施工时企业依靠双方的合同约定来调整双方的关系、追究相应的责任。因此，在海外进行工程项目施工的应当更加重视合同内容，注重通过合同条款的合理设置来保护自己的权益，防范不确定性风险。例如，在波兰 A2 高速项目中，招标文件明确 C 标段桥梁设计应有大型或中型动物的通道，由于中国投资方对相关国际性的环境法律不够了解，导致中国投资方在该工程建设过程中对工程沿线珍稀蛙类造成伤害，影响了波兰海域生态环境的平衡，中方投资者因此不得不负担超出预计费用 150%的环保费用，整个工程项目也停工两周。

综上，跨文化工程的伦理困境从主观性上看，可分为主观违规或违法以及被动的伦理困境。主观违规或违法是指中国工程企业实施跨文化工程过程中存在违反国际"游戏规则"以及行业规范的行为。被动的伦理困境是指因跨文化价值观冲突所引发的伦理困境。比如工资标准、环保标准的差异等。从价值观看，不同国家有不同的观念、不同的信仰、不同的文化，中国企业和工程师面临保持自我与适应他者的两难抉择。例如，中国传统文化讲求在企业管理和经营上秉持居仁由义、和气生财以及甘于奉献的精神，而在东南亚一些国家则奉行修行自我，独善其身，强调自我利益的获得。

因此，在国际化程度日益加深的今天，积极寻找各种文明之间深层沟通、对话、理解的文化路径，消解工程跨文化实践所带来的现实风险与伦理困境。

5.2　中国跨文化工程的伦理观

5.2.1　全球化工程伦理资源

全球化工程伦理资源

在全球化的今天，工程活动由来自不同文化背景的人共同参与完成，尽管伦理标准很难达成一致，但也形成了一些共识，这些共识对于中国制定跨文化工程伦理规范具有一定的借鉴意义。

1. SA8000 标准

1997 年，社会责任组织(SAI)依据《国际劳工组织公约》《世界人权宣言》以及联合国《儿童权利公约》，研究制定了世界首个道德规范国际标准《社会责任国际标准》，即 SA8000 标准。目前通行的 SA8000:2014 国际标准是该标准的第 4 版。

SA8000 标准是第一个在社会责任领域可用于审核和第三方认证的自愿性国际标准，规定组织必须达到要求。该标准对保障劳工权益提出了九个方面的最低要求：① 禁止使用童工；② 禁止强迫性劳动；③ 保护员工健康与安全；④ 保证组织工会的自由与集体谈判的权利；⑤ 禁止性别宗族等歧视；⑥ 禁止在管理中使用惩戒性措施；⑦ 工作时间必须依照所在国标准执行，每周最多工作时间不得超过 48 小时；⑧ 符合所在国最低工资标准等；⑨ 公司应建立保证劳工标准贯彻执行的相关管理体系。

2. 全球契约

全球契约是一项联合国倡导提出的，旨在要求各企业在各自的影响范围内遵守、支持以及实施的一套在人权、劳工标准、环境及反腐败等四大领域的十项基本原则。这些原则来源于《世界人权宣言》《国际劳工组织关于工作中的基本原则和权利宣言》《关于环境与发展的里约宣言》《联合国反腐败公约》。全球契约为企业成为对社会负责的公司，为企业参与经济全球化条件下的国际事务提供了机会。

(1) 人权方面：① 企业应该尊重和维护国际公认的各项人权；② 绝不参与任何漠视与践踏人权的行为。

(2) 劳工标准：① 企业应该维护结社自由，承认劳资集体谈判的权利；② 彻底消除各种形式的强制性劳动；③ 消除童工；④ 杜绝任何在用工与行业方面的歧视行为。

(3) 环境方面：① 企业应对环境挑战未雨绸缪；② 主动增加对环保所承担的责任；③ 鼓励无害环境技术的发展与推广。

(4) 反腐败：企业应反对各种形式的贪污，包括敲诈、勒索和行贿受贿。

3. 社会责任指南

国际标准组织(ISO)于 2010 年正式发布《社会责任指南》。该指南明确用社会责任代替企业社会责任，确定了组织管理、人权、劳工实践、环境、公平运营、消费者权益、社区参与和发展等七项主题，适用于所有类型的组织，包括公共部门、私人部门，发达国家、发展中国家和转型国家的各种组织。

中国也于 2016 年颁布并实施一项中华人民共和国国家标准《社会责任指南》(GB/T 36000—2015)，旨在帮助组织在遵守法律法规和基本道德规范的基础上实现更高的组织社会价值，最大限度地致力于可持续发展。《社会责任指南》(GB/T 36000—2015)的发布和实施使中国社会责任领域的相关概念及实践得到了统一和规范，为组织开展社会责任活动提供了依据，更好地促进了组织履行社会责任，有助于中国社会责任活动健康、有序地发展。

4. 中国对外承包工程行业社会责任指引

2012 年，由我国商务部指导发布《中国对外承包工程行业社会责任指引》(简称《指引》)，这是我国首部对外承包工程行业的自愿性社会责任标准。该《指引》借鉴了联合国全球契约和 ISO 26000 指南等国际通行做法，结合了我国承包工程行业的业务现状，针对质量安全、员工发展、业主权益、供应链管理、公平竞争、环境保护和社区发展等七个核心议题，对企业履行社会责任提出了具体工作要求，明确了社会责任管理的要点，为对外承包工程企业提供了可参考的行为框架。

5.2.2　丝路精神

2000 多年前，我们的先辈穿越草原沙漠，开辟出联通亚欧非的陆上丝绸之路；扬帆远航，闯荡出连接东西方的海上丝绸之路。从张骞出使西域完成"凿空之旅"，到郑和七次远洋航海留下千古佳话，古丝绸之路

丝路精神

凝聚了先辈们对美好生活的追求，促进了亚欧大陆各国互联互通，推动了东西方文明交流互鉴，为人类文明发展做出了巨大贡献。正如英国学者彼得·弗兰科潘指出："丝绸之路的历史就是一部浓缩的全球史。"

丝路漫漫，驼铃声声，曾见证了陆上"使者相望于道，商旅不绝于途"的盛况，也见证了海上"舶交海中，不知其数"的繁华。古丝绸之路之所以名垂青史，靠的不是战马和长矛，而是驼队和善意；不是坚船和利炮，而是宝船和友谊。正是古丝绸之路绵亘万里，延续千年，才积淀形成了以"和平合作、开放包容、互学互鉴、互利共赢"为核心的丝路精神。

"和平合作"是丝路精神的核心要义，是数千年丝路交往的一贯追求。《瀛涯胜览》中记载，郑和船队所到之处，首领欢迎，商人满意，群众拥护，因为明朝从未渴望占据海外领土，建立商业殖民地。许多国家也纷纷沿着郑和开辟的航路遣使赴华。到郑和第六次返航时，出现了 18 国 1200 余名使臣同时随船来华的盛事。和平与善意在陆海丝绸之路上不断延续和传递，化干戈为玉帛、化"绝域"为通途。

"开放包容"是丝路精神的显著特征，是数千年丝路交往的独特标识。《后汉书》称，班超通西域后，"商胡贩客，日款于塞下"。到了唐代，"伊吾之右，波斯以东，职贡不绝，商旅相继"。研究表明，这些侨民深受中国文物、典章制度的熏染，多数成了华化的"蕃胡"的一部分。李白诗云："落花踏尽游何处，笑入胡姬酒肆中"，反映出"胡姬酒肆"这样的域外事物已经融入长安日常生活，生动体现了当时人民开放包容的精神。正是这种开放包容的精神，包纳各种不同文明形态和生活习尚，造就了"九天阊阖开宫殿，万国衣冠拜冕旒"的盛唐气象，也展现出中华民族兼收并蓄的天下情怀。

"互学互鉴"是丝路精神的重要内核，是数千年丝路交往生生不息的动力源泉。中国的"四大发明"通过丝绸之路推动了沿线国家和民族的社会进步。如造纸术传入大马士革后，大马士革成为向欧洲供应纸张的主要产地。郑和下西洋则促成胡椒大量涌入，民间广泛流传起关于胡椒的各种食谱，带动起"舌尖上的革命"。丝路交往激发了不同文明的创造活力，为沿线国家和民族的发展进步带来了取之不竭的源头活水。

"互利共赢"是丝路精神的根本目标，是数千年丝路交往的目的和旨归。以邻为壑、损人利己从来不是丝绸之路的实践逻辑。例如，在郑和下西洋的影响和带动下，东南亚的满剌加也从"旧不称国""人多以渔为业"的渔村发展成"中国和远东的产品与西亚和欧洲的产品进行交换的一个大集市"，繁荣了近一个世纪。互惠互利的中西经贸往来，便利了双方，成就了彼此。

在丝路精神的指引下，"一带一路"朋友圈不断扩大。截至 2022 年 6 月，150 个国家和 32 个国际组织加入"一带一路"的大家庭，取得了丰硕的成果，例如，中国启源工程设计研究院有限公司先后在"一带一路"沿线多个国家和地区开展了工程项目建设。在工程项目的建设过程中，该公司将节能环保理念带到各个项目及工作的每个细节中。在巴基斯坦，该公司秉承"绿色、节能、环保和可持续发展"的理念，于 2016 年初建成中国援助巴基斯坦的议会大厦太阳能光伏发电项目。巴基斯坦议会大厦顶部和停车场顶棚由近 4000 块多晶硅光伏组件组成，总装机容量为 1 兆瓦，其日均发电量能够完全满足巴基斯坦议会大厦需要。巴基斯坦议会大厦光伏发电项目成为中巴经济走廊的重要示范工程，为中巴推广新能源领域合作产生了良好的示范效应。

"大道之行也，天下为公"，新时期的丝路精神体现了中华民族爱好和平、讲究和睦、追求和谐的民族品格，彰显了中华民族的天下情怀、价值追求和使命担当。

5.2.3　跨文化工程的价值原则

1. 义利相兼，以义为先

"义利相兼，以义为先"传承了中国传统义利观的优秀内容。在"义利相兼，以义为先"原则的指导下实施跨文化工程实践，

跨文化工程的价值原则

工程主体既要追求一定的经济利益，也要以自身技术、资本、经营、管理和人力资源来充分保障工程所在国或地区人们的安全、健康和可持续发展，最终促进人类命运共同体的构建，这也是中国工程走出去的出发点和归属。

1）维护合作国家和地区人民的利益与基本权利

跨文化工程既要符合中国人民的长远利益，也要符合当地国家和地区人民的利益，尊重当地国家和地区人民的基本权利，从而带动中国以及各国、各地区和各族人民共同繁荣与进步，实现共赢。

在我国"一带一路"民生工程项目建设中，我国的"中医药海外中心或基地"项目最为突出。2022 年，国家中医药管理局、推进"一带一路"建设工作领导小组办公室联合印发的《推进中医药高质量融入共建"一带一路"发展规划(2021—2025 年)》指出："十四五"时期，与共建"一带一路"国家合作建设 30 个高质量中医药海外中心，颁布 30 项中医药国际标准，打造 10 个中医药文化海外传播品牌项目，建设 50 个中医药国际合作基地，建

设一批国家中医药服务出口基地等。加强中药类产品海外注册服务平台建设，组派中医援外医疗队，鼓励社会力量采用市场化方式探索建设中外友好中医医院。到 2025 年，中医药政府间合作机制进一步完善，医疗保健、教育培训、科技研发、文化传播等领域务实合作扎实推进，中医药产业国际化水平不断增强，中医药高质量融入共建"一带一路"取得明显成效。中医药海外中心或基地的建设不仅可以为"一带一路"沿线各国、各地区的民众提供中医医疗和养生保健服务，提升了当地民众健康水平，也促进了我国传统中医药文化与技术在世界范围内的传播与发展，提升了我国中医药技术在国际传统医学领域的话语权和影响力。

2) 促进人类命运共同体的构建

中国的发展离不开世界，中国的发展惠及世界。人类命运共同体旨在追求本国利益的同时兼顾他国合理关切，在谋求本国发展中促进各国共同发展。

党的二十大报告指出：构建人类命运共同体是世界各国人民前途所在。万物并育而不相害，道并行而不相悖。只有各国行天下之大道，和睦相处、合作共赢，繁荣才能持久，安全才有保障。中国坚持对话协商，推动建设一个持久和平的世界；坚持共建共享，推动建设一个普遍安全的世界；坚持合作共赢，推动建设一个共同繁荣的世界；坚持交流互鉴，推动建设一个开放包容的世界；坚持绿色低碳，推动建设一个清洁美丽的世界。

因此，在跨文化工程实践中，要充分考虑工程背后支撑的理念和向往目标的差异，充分考虑工程建设对他国国家利益的影响，充分考虑工程建设是否符合构建人类命运共同体的宗旨与意愿，让不同的文明在交流的过程中相互学习、相互借鉴，推动不同文明和谐相处，共享发展机遇与建设成果，从而为构建人类命运共同体打下坚实的基础。

2. 以和为贵，求同存异

以和为贵是为互利共生创造有利的条件；求同存异是给和平发展提供合适的契机。以和为贵，求同存异为解决不同文明与文化之间的矛盾和冲突、实现多元文化和谐共存提供了解决方案，从而实现工程与人、自然、社会、文化共存共荣的圆融和谐，开启不同国家和地区之间共同发展的新机遇。

例如，我国和哈萨克斯坦、吉尔吉斯斯坦三个国家共同合作，成功申报"丝绸之路：长安—天山廊道路网"为世界文化遗产，成为首例跨国合作、成功申遗的项目。"丝绸之路：长安—天山廊道路网"项目贯穿了三个国家的地理区域，全长 5000 公里，沿线包括中心城镇遗迹、商贸城市、交通遗迹、宗教遗迹和关联遗迹等 5 类代表性遗迹，共 33 处。该项目不仅展现了中国与"一带一路"沿线国家的历史渊源，向世界重现了早在 2000 多年以前形成的促进全球经济发展的经济动脉，也成为人类历史上不同国家文明与文化融合、交流和相互促进发展的杰出范例。项目成功申遗必将进一步加强中国和吉尔吉斯斯坦、哈萨克斯坦的文化交流，扩大三国之间在文物保护方面的合作，极大促进了整个丝绸之路沿线国家人民乃至全世界人民之间的友好往来。

3. 务实有为，经世致用

务实有为，经世致用是中华传统伦理文化的精神品格，为中国跨文化工程实践和发展提供了强大的精神动力。例如，中国传统建筑提倡节俭与实用，"实用先于审美""有用即美即善"。

在国际大环境中，不同国家和不同文化之间的交融必定会产生伦理全球化和伦理多元化的两难选择。当不同的工程共同体和工程师面对全球化的伦理冲突时，应避免两个极端：① 伦理绝对主义，即一带一路工程共同体在国际活动中始终按照本国的文化价值观念指导行动，而不做任何调整。② 伦理相对主义，即采取入乡随俗的原则，完全按照东道主国的习俗和法规办事。因此，在寻求解决跨文化的工程伦理问题方案时，这两种做法都是不可取的，而应当采取一种伦理关联主义或情景主义，即道德判断应与背景相关联，应当在不同情况下考虑不同的因素。

在跨文化工程实践中，走出去的中国企业应当本着务实的态度，充分考量中国技术、中国产品、中国标准、中国服务能否切实带给东道国和地区更多的民生福利，能否有利于东道国和地区的经济发展与社会繁荣。因此，走出去的中国企业要秉持经世致用的思想，与当地的社会实际相结合，平衡好工程风险与收益，树立中国话语权，讲好中国故事。

4. 交往有信，诚朴尽责

交往有信，诚朴尽责是中国传统文化的优秀品质，是传统伦理文化对当前中国跨文化工程实践的有益补充。中国跨文化工程实践不仅是一项工程活动，也是一项商业活动和文化活动。工程项目的诚信运作、工程企业的诚信运营是诠释中国精神、中国形象的最好途径。"静而圣，动而王，无为也而尊，朴素而天下莫能与之争美"，交往有信、诚朴尽责内蕴务本求真的价值诉求，为中国跨文化工程实践提供了因时因地制宜的伦理智慧，即尊重自然，尊重当地文化、风俗、宗教信仰，以信任合作为基础，将共享与关爱意识惠及东道国和其他外方工作人员，各施所能，各施所长，实现互惠合作、互利共赢。

例如，2006 年开工建设、2012 年 4 月正式封关运营的中哈霍尔果斯国际边境合作中心是中国和哈萨克斯坦在霍尔果斯口岸共同建立的世界上首个跨境自由贸易区和投资合作中心。该中心承担着中哈两国贸易洽谈、仓储运输、举办区域性国际经贸洽谈会等众多合作内容，为中哈两国贸易合作提供了坚实的后盾，极大地减少了两国贸易往来间的分歧和矛盾。该中心不仅成为中哈两国面向世界、展示中国改革开放成就的新"名片"，也是工程项目全球化合作与共赢的典范之一。

5.3　跨文化工程实践的伦理规范

5.3.1　强化工程伦理责任

1. 政府的工程伦理责任

跨文化工程项目大多具有建设周期长、投入资金多、管理协调难度高、社会影响深远等特点。如果这些项目前期的决策阶段缺乏伦理方面的考虑，极易导致工程决策失误，从而影响工程项目后期的各项活动。政府应当始终维护好人民的利益，履行好跨文化工程项目伦理风险的审查和监管责任，有效预防工程伦理风险。

在工程项目审批方面，首先，政府应评估跨文化工程项目的设计是否符合科学精神和人文精神。其次，跨文化工程项目的设计应当权衡工具理性与价值理性。工具理性强调技术活动的有效性；价值理性则强调"合理性"，关注人文需求。因此，跨文化工程项目的设计必须内含展示当地人民愿望和追求的价值理性。

在工程项目管理和监督方面，首先，中国政府应加强与企业投资目的国的交流，中国政府可以以一定形式帮助投资目的国营造有利的投资环境，为走出去的中国企业开展投资贸易活动创造良好的条件。其次，中国政府应建立健全促进和保障对外投资发展的机制，破解贸易壁垒的障碍，完善好服务体系和工程项目质量监管体系。

2. 企业的工程伦理责任

企业作为追求利益最大化的组织，其价值取向偏向功利主义。因此，企业作为工程建设主体，既需要保护好劳动者的安全和健康，也要在维护国家利益不受侵害的同时兼顾投资目的国的利益。

企业在对外投资之前，要加强对投资目的国的信息调研，包括社会人文环境、法律环境、项目现场、现场勘察、施工资源信息、气候及天气状况、是否有技术控制、流行性疾病以及主要发生的不可抗力事件等。在工程项目建设的过程中，企业应当及时了解和掌握所在国的政治动向，处理好与政府、议会以及当地居民的关系，承担必要的社会责任和环境保护责任，对参与工程项目建设的劳动者予以人道主义关怀，制定科学有效的事故防范措施和应急方案，不污染环境、不破坏当地的生态平衡，从而提高了当地居民对项目实施的重视感。

3. 工程师的工程伦理责任

工程本身的技术复杂性和社会关联性要求工程师在精通技术业务的同时，能够管理和协调好工程活动中的各种关系，具备在利益冲突中做出伦理价值判断的能力。除了要对雇主负责，工程师还应始终秉持将公众的健康、安全和福祉放在首位。在跨文化工程实践中，不仅要确保工程或产品的质量，而且要谨慎处理技术转移问题，担负起对社会公众，环境以及人类社会未来的责任。

就工程师对工程产品质量方面的伦理责任而言，走出去的工程师要尊重当地的工程技术标准规范和国际标准，严把工程产品质量关，树立良好的工程产品形象，提高产品的技术含量和附加值，提高工程产品和企业的核心竞争力。

就工程师对技术转移的伦理责任而言，技术转移是指技术由其起源地点或实践领域转而应用于其他地点或领域的过程。走出去的中国工程项目的建设在某种程度上就是将我国的部分现代工程项目技术转移到其他国家的过程。在国内适用的工程技术在转移到其他国家和地区的过程中，会伴随诸多环境因素的影响而做出适应性改变。走出去的工程师需要增强自身的道德敏感和工程伦理责任意识，把自己的专业知识与当地经验结合起来，将工程技术转移地的经济承受能力、使用习惯、社会习俗等方面的影响因素在工程设计中加以考虑。

就工程师对社会和环境的伦理责任而言，工程项目的建设与社会生活中的"人"与"物"都有着密切的联系，走出去的工程师同样要加强对社会和环境的伦理责任意识，在工程决策、设计、实施、评估的各个阶段中将工程涉及的"人"与"物"纳入到伦理关怀中，维护好社会与自然环境的整体利益。同时，走出去的工程师还肩负文化伦理责任，在文化差异中践行本国优秀的文化传统与价值观，在潜移默化中化解冲突，促进双方获益。

4. 工人的工程伦理责任

走出去的工人要认真遵守操作规范，及时发现操作规范和设备管理中的漏洞，积极上报以促进问题解决。

5.3.2　加强伦理文化建设

1. 尊重、理解当地的政治及民俗文化

跨文化工程是以造福各国人民为需要的有目的的活动，走出去的中国工程企业和工程师要有国际化视野和担当，强化国际责任意识。尊重东道国民众的社会文化心理与习惯，了解东道国的文化特点及其特殊性，避免种族歧视和不当言论，找到与当地利益相关的沟通渠道以及沟通交流的最佳方式，提升当地民众对工程的认知度与满意度，增进与当地居民的情感和文化互融。当东道国企业或民众、项目合作方发生冲突时，可借助当地的华侨组织弥合分歧，形成共识。

2. 遵守我国法律法规、东道国法律法规以及国际规范和惯例

走出去的中国企业和工程师应当在遵守中国法律的同时，了解各国法律制度体系的差异性，深入理解东道国法律、法规和有关政策以及国际惯例，将矛盾焦点通过协商的方式达成共识，并通过签订合同条款方式的合理保护自己的权益，有效防范风险，实现利益互惠。

3. 主动承担当地的生态保护和社会责任

中国企业和工程师不能把追求利润作为唯一的价值导向，中国跨文化工程实践应树立可持续发展的理念，平衡工程企业发展与服务当地及环境保护的关系，遵循国际上既有的工程技术标准，在安全标准和环保标准方面达到世界先进水平，让工程项目在国际市场获得认同。

对于工程技术相对落后的国家，要乐于分享中国的工程技术和工程产品，通过中国产品、中国技术、中国标准和中国服务向东道国讲述"中国故事"，塑造新时代中国工程良好的国际形象。例如，在巴基斯坦卡拉奇核电厂 2 号、3 号机组建设项目中，中方采用具有中国自主知识产权的"华龙一号"ACP1000 三代核电堆型，其技术安全性与国际先进水平相当，经济性却大幅优于国际其他堆型，让巴基斯坦民众受益于"中国制造"带来的好处。

4. 培养国际化工程伦理意识的工程人才

在跨文化工程实践中，参与生产、制造类的行业通常数量多、行业伦理风险的高低各异，尤其是实施高危或尖端行业的工程项目。工程师的工程技术行为中蕴含着工程师对人与自然、社会之间存在的关于哲学伦理学的思考，工程师的行为受自身工程伦理价值理念的引导。因此，工程人才的培养需要具有国际化的视野，从而在面对具有不同文化和伦理传统的国际化工程时，将工程伦理知识与工程实践活动有机结合，有效地解决国际工程技术问题。

5. 开展国际化的工程伦理教育

开展国际化的工程伦理教育，与国际上的工程伦理规范接轨，缩小与西方社会先进工

程伦理教育的差距，有益于培养工程人员具备国际化视野和国际工程素质，帮助工程人员确立科学的工程价值观和利益观，促进社会责任意识和生态意识的养成。

5.4 本章小结

随着全球化的发展，中国跨文化工程实践打破国家地理界限，推动建设了一个开放、包容、普惠、平衡、共赢的经济全球化体系，促进了中国同世界各国文明的深入交流，实现了各国、各地区和各族人民共同繁荣与进步，为构筑人类命运共同体奠定了坚实的基础。本章介绍了跨文化工程实践所面临的伦理挑战与伦理困境，接着从全球化工程伦理资源、丝路精神以及跨文化工程的价值原则等方面阐述跨文化工程实践的伦理观，最后从强化工程伦理责任和加强伦理文化建设两个方面介绍了跨文化工程实践的伦理规范。

5.5 案例分析题

(1) 中缅油气管道作为中国的四大能源进口通道之一，项目于 2013 年全线贯通并输气，到 2015 年开始输油。中缅油气管道途经东南亚复杂地貌和气候，受线路铺设成本的影响，项目设计者选择了途经生态保护区和村庄的线路。一些国际组织借此大肆宣扬该做法会使得缅甸地区发生强制拆迁，并且破坏环境，侵犯当地居民人权的言论来煽动当地居民情绪。在当地引发了多起抗议活动后，缅甸政府不得不叫停该项目。请结合这个案例，分析中国在进行跨文化工程实践中会面临哪些伦理困境？

(2) 在全球化的过程中，工程师的身份更加多元，一方面代表着本土国的利益，另一方面还要为东道国的工程设计施工、运营负责。假设在东道国的工程符合东道国的建设标准，但东道国的建设标准低于本土国的建设标准，此时工程师应该如何完成工程建设？

(3) 在"一带一路"跨文化工程实践中，如何"保持自我，适应他者"？

(4) 通过本章的学习，查阅相关的资料，思考并讨论在当前中国"一带一路"发展趋势下"职业工程师"的标准。

(5) 中国在跨文化工程实践中如何平衡"保持自我"与"适应他人"，请结合具体的案例进行具体分析。

第3篇

应 用 篇

第 6 章

大数据伦理

1980 年前后，个人计算机(PC)开始普及，计算机逐渐走入企业和千家万户，极大提高了社会生产力，人类迎来了第一次信息化浪潮。1995 年前后，互联网的普及把世界变成"地球村"，人类迎来了第二次信息化浪潮。2010 年前后，云计算、大数据、物联网的快速发展，拉开了第三次信息化浪潮的大幕，也标志大数据时代全面到来。

本章学习目标

(1) 了解大数据的概念与特点。
(2) 理解大数据思维。
(3) 理解大数据伦理问题以及产生的原因。
(4) 了解大数据伦理问题的解决方法。

引例：大数据阴影下的隐私——大数据杀熟

自 2018 年以来，有关"大数据杀熟"的问题频频被报道：同一平台、同一时段、同款货品，熟客不仅没享受到商品的优惠价格，反而需要比普通顾客支付更高的价格。

2021 年 7 月 7 日，绍兴市柯桥区法院审理了胡女士起诉上海某公司侵权纠纷一案，该案是绍兴首例消费者在质疑遭遇"大数据杀熟"后成功维权的案例。原告胡女士经常通过该公司提供的 APP 预定机票、酒店，并因此成为该公司的钻石贵宾客户。2020 年 7 月，胡女士像往常一样通过该平台订购舟山某酒店的一间豪华湖景大床房，并支付 2889 元。但胡女士在退房时，发现酒店的挂牌房价加上税金总价仅为 1377.63 元。胡女士认为她不仅没有享受到星级客户应当享受的优惠，反而多支付了一倍的房价。胡女士将该情况反映给该公司，但该公司以其系平台方，并非涉案订单的合同相对方为由，仅退还了部分差价。胡女士不满意处理结果并向绍兴市柯桥区市场监管局投诉，随之以"大数据杀熟"为由诉至柯桥区法院，要求"退一赔三"并要求该 APP 增加不同意《服务协议》和《隐私政策》时仍可继续使用的选项，以避免被告采集其个人信息而对原告杀熟。

绍兴市柯桥区法院经审理后认为该 APP 作为中介平台，应如实报告酒店的房价，但平台向原告承诺钻石贵宾享有优惠价，却无价格监管措施，向原告展现了一个溢价 100%的失实价格，未履行承诺。同时，被告在处理原告投诉时，告知原告无法退全部差价的理由，经调查与事实不符，存在欺骗，故法院认定被告存在虚假宣传、价格欺诈和欺骗行为。最终判处上海某公司赔偿原告订房差价并按房费差价部分的三倍支付赔偿金，且在其运营的 APP 中为原告增加不同意其现有《服务协议》和《隐私政策》，但仍可继续使用 APP 的选项，或者为原告修订 APP 的《服务协议》和《隐私政策》，去除对用户非必要信息采集和使用的相关内容。

大数据杀熟是软件平台企业利用与社会成员之间的数据信息的差异，为消费者提供"不平等"的数据资源。而消费者在面对"大数据杀熟"时，往往面临着举证不易、维权困难的困境。这个案子对于保护公民隐私，杜绝"大数据杀熟"具有重要意义。

思考：

(1) 大数据技术对社会产生了哪些影响？

(2) 身处瞬息万变的信息时代，人们应该如何面对大数据所带来的新的伦理问题？

6.1　大数据概述

6.1.1　大数据的概念与特点

1. 大数据的概念

数据是指对客观事物的性质、状态以及相互关系等进行记载的物理符号或这些物理符号的组合。这些符号是可识别的、抽象的。

数据是信息的载体，是一种记录结果，一直伴随着人类社会的各个历史阶段。常见的数据类型包括文本、图片、音频、视频等。

(1) 文本：文本是一种由若干字符构成的计算机文件。常用格式包括 ASCII、TXT。

(2) 图片：图片是指由图形、图像等构成的平面媒体。常见格式有 BMP、JPG 等。

(3) 音频：音频是指存储声音内容的文件。常用的格式有 MP3、MID 等。

(4) 视频：视频是指各种动态影像的存储文件。常用的格式有 MOV、MPEG-4 等。

大数据与传统数据不同，大数据由巨型数据集组成，这些数据集的大小常超出人们在可接受时间内的收集、应用、管理和处理能力。因此，大数据泛指无法在可接受时间内用传统信息技术和软、硬件工具对其进行获取、管理和处理的巨量数据集合。

2. 大数据的特点

大数据具有数据量大、数据类型多样、处理速度快和价值密度低的特点。

1) 数据量大

大数据的数据量的计量单位至少是 PB(1 000 TB)、EB(1.0×10^6 TB)或 ZB(1.0×10^9 TB)。人类社会产生的数据在以每年增长 50% 的速度递增，也就是说，大约每两年就增加一倍，这被称为"大数据摩尔定律"。

2) 数据类型多样

大数据通常包含结构化数据和非结构化数据。其中，结构化数据占 10% 左右，主要是指存储在关系数据库中的数据；非结构化数据占 90%左右，包括诸如网络日志、图片、视频、音频、地理位置信息等类型繁多的异构数据。传统数据主要存储在关系数据库，但是，在类似 Web 2.0 等应用领域中，越来越多的数据开始被存储在 NoSQL 数据库中。

3) 处理速度快

随着物联网、移动互联网的普及，大数据时代的数据呈现爆炸式的增长。新数据不断涌现，旧数据快速消失，这对数据处理提出了更高的要求。例如，在 Web 2.0 应用领域，在 1 min 内，新浪可以产生 2 万条微博，淘宝可以卖出 6 万件商品，百度可以产生 90 万次搜索查询的数据。因此，基于快速生成的数据，其数据处理和分析的速度要达到秒级甚至毫秒级响应，时效性要求高。

4) 价值密度低

在大数据时代，许多有价值的信息都是分散在海量数据中的。一方面，数据噪声、数据污染等因素带来数据的不一致性、不完整性、模糊性、近似性和伪装性，这给数据提纯带来挑战；另一方面，庞大的数据量、数据的复杂性和多样性也给数据提纯增加了难度。

例如，小区利用摄像头进行监控，如果没有意外事件发生，连续不断产生的数据没有任何价值。当发生偷盗等意外情况时，也只有记录了事件过程的那一小段视频有价值。但是，为了能够获得这一段有价值的视频，人们不得不投入大量资金购买监控设备、网络设备、存储设备，耗费大量的电能和存储空间来保存摄像头连续不断产生的监控数据。如何通过强大的机器算法更迅速地完成数据的价值"提纯"，是大数据时代亟待解决的难题。

大数据的 4V 特征刻画了大数据与传统数据之间的差异，所带给人们的既是机遇，也是挑战。进入大数据时代，被称为"未来的石油"的数据将成为每个企业乃至国家获取核心竞争力的关键要素。数据资源已经和物质资源、人力资源一样，成为国家的重要战略资源，影响着国家和社会的安全、稳定与发展。因此，世界各国都非常重视大数据发展，积极捍卫本国数据主权。在中国，大数据发展受到高度重视。2015 年 8 月，国务院印发的《促进大数据发展行动纲要》指出，数据已成为国家基础性战略资源，大数据正日益对全球生产、流通、分配、消费活动以及经济运行机制、社会生活方式和国家治理能力产生重要影响。坚持创新驱动发展，加快大数据部署，深化大数据应用，已成为稳增长、促改革、调结构、惠民生和推动政府治理能力现代化的内在需要和必然选择。该纲要将大数据上升为国家战略，为我国发展大数据开启了新的篇章。2022 年，国务院发布的《"十四五"数字经济发展规划》指出以数据为关键要素，以数字技术与实体经济深度融合为主线，加强数字基础设施建设，完善数字经济治理体系，协同推进数字产业化和产业数字化，赋能传统产业转型升级，培育新产业、新业态和新模式，不断做强、做优、做大我国数字经济，为构建数字中国提供有力支撑。

6.1.2   大数据思维

随着信息技术的发展，特别是 21 世纪以来物联网技术、5G 技术的发展，人类从小数据时代跨入大数据时代。在大数据时代，数据作为一项新的生产要素，具备了资本的属性，可以用来创造经济价值，因此，大数据时代人们的思维方式也在发生转变。维克托·迈尔·舍恩伯格在《大数据时代：生活、工作与思维的大变革》一书中明确指出，大数据时代最大的转变就是思维方式的三种转变，即全样而非抽样、效率而非精确、相关而非因果。

1. 全样而非抽样

过去，由于数据采集、数据存储和处理能力的限制，通常采用抽样的方法，即从全集数据中抽取样本数据，通过对样本数据的分析推断全集数据的总体特征。但是，抽样分析的结果具有不稳定性。在大数据时代，海量数据实时采集，分布式文件系统和分布式数据库技术为数据存储提供了理论上近乎无限的数据存储空间，分布式并行编程框架 MapReduce 提供了强大的海量数据并行处理能力，科学分析完全可以直接针对全集数据而不是抽样数据，并且可以在短时间内得到分析结果。例如，谷歌的 Dremel 可以在 2～3 s 内完成 PB 级别数据的查询。

2. 效率而非精确

由于抽样分析只是针对样本分析，其分析结果被应用到全集数据以后，误差将会放大。因此，人们采用抽样分析方法需确保分析方法的精确性，否则就会出现"失之毫厘，谬以千里"的现象，这导致传统的数据分析方法更加注重提高算法的精确性，其次才是提高算法效率。

大数据时代采用全样分析，在数据足够多的情况下，不精确的数据不会影响数据分析的结果和其带来的价值，因此，注重效率成为首要目标，要求在几秒内给出针对海量数据的实时分析结果，否则数据的价值就会丧失。

3. 相关而非因果

过去，数据分析的目的一方面是解释事物背后的发展机理，另一方面是预测未来可能发生的事件，这都反映了一种"因果关系"。人们对于因果关系的探寻是在寻求一种合理的解释。但是，在大数据时代，人们转而追求"相关性"而非"因果性"，在无法确定因果关系时，数据相关性为我们提供了解决问题的新方法。

在大数据时代，数据不仅仅是一种衡量事物特征的符号和工具，而是世界的本源，世间的万事万物及其关系都可以用数来表示，用数据来量化一切。大数据时代的预言家舍恩伯格提出："有了大数据的帮助，我们不会再将世界看作是一连串我们认为或是自然或是社会现象的事件，我们会意识到本质上世界是由信息构成的。"

6.2　大数据伦理挑战

6.2.1　大数据伦理问题

大数据不仅使原有的信息采集、存储、分析以及传递技术得到革命性的更新，也引发了人们思想观念的巨大变革，本着"平等、自由、开放、共享"的理念，人们要求实现数据的自由、开放和共享，以便从数据中挖掘出有用的价值，从而创造出机会平等的社会环境，促进个人、企业、社会的发展，为社会公正提供新的途径。例如，在教育领域，通过大数据，偏远地区的孩子可以共享优质教学资源，有效缓解教育资源不均衡的问题。

普罗泰戈拉曾说："人是万物的尺度，是存在者的尺度，也是不存在者的尺度。"人是世界的中心，以人去衡量万物。然而，在大数据时代，人不再是万物的尺度，大数据是万物的尺度，当一切被数据化之后，无限的信息流不仅给人类带来了许多便利，也带来了一系列的伦理问题。

所谓大数据伦理是指用来研究和评价关于数据的善、恶与价值规范，以达到规划和支撑道德上善的解决方案。大数据伦理问题主要包括数据隐私、数字身份、数字鸿沟、信息茧房、数据独裁、数据垄断与归属模糊、数据安全等问题。

1. 数据隐私

隐私的概念最早由美国两位律师萨缪尔·沃伦和路易斯·布兰迪斯于1890年发表在《哈佛法律评论》的《隐私权》一文提出的。该文指出隐私是一种不受干涉、免于侵害的"独处"权利。汉语中的隐私主要指避讳，与之对应的是中国传统文化中"礼义廉耻"中的"耻"，即让人感到羞耻而需要隐匿起来的东西。1948年12月10日，联合国大会通过第217A(III)号决议并颁布《世界人权宣言》，其中关于隐私权的定义是："任何人的私生活、家庭、住宅和通信不得任意干涉，他的荣誉和名誉不得加以攻击。人人有权享受法律保护，以免受这种干涉或攻击。"故隐私适用于发生人际互动关系的领域，人的个人信息、私人活动和私有领域有权不被外界所知。

数据隐私泄露是指智能系统在收集、存储、处理和利用数据的过程中，由于系统安全措施不完善或恶意攻击等原因，导致数据以未经授权或未加密的方式被泄露。数据隐私泄露可能导致个人隐私受到侵犯，甚至可能引发诈骗、身份盗窃等安全问题。同时，企业或政府机构也可能因数据隐私泄露而面临声誉损失和承担法律责任。

在小数据时代，人们采集数据时，被采集人一般都会被告知，采集人也会通过模糊和匿名化方式将被采集人的隐私信息屏蔽，防止泄露隐私。随着大数据时代的来临，大量的信息以电子数据方式存储，数据收集的维度越来越多，数据共享越来越普遍，个人隐私信息也越来越容易被他人获取。人们一方面希望保护隐私，另一方面为了获取信息使用的便利，又不得不让渡自己的隐私，这就产生了所谓的"隐私悖论"。

隐私悖论是指人们对隐私担忧和关注的程度与实际的隐私保护行为之间存在不一致，个人的信息在知情或不知情的情况下被公司和公共机构搜集和利用。例如，当人们在安装软件时，会出现"用户授权信息许可"信息，要求安装者同意软件能自主收集设备中通讯录、位置、个人私密信息等，并且软件安装只有"安装"或"取消"两种选项，如果用户选择"取消"，则不能正常使用该软件。因此，许多安装者为了使用软件不得已同意了用户授权信息许可。

在小数据时代，遗忘是常态，而在大数据时代，记忆则成为新常态。《大数据时代》的作者维克托·迈尔-舍恩伯格在《删除》一书中曾提到："大数据时代的来临改变了生物性遗忘的特质，信息以数字存储的方式保存下来，就变成了不易删除的记忆，遗忘反而成为例外。"但是，在这种"记忆"带给人们便利的同时，无形中"绑架"了那个"你"，数据遗忘权成为一种不可能的权利，例如，如果你偶尔没有及时偿还银行信用卡的透支，不良信用记录将伴随你一生。

在小数据时代，数据处理采用因果关系模式，任何一部分数据的模糊与缺失都会影响数据的进一步处理。在大数据时代，即使数据做了模糊化和匿名化的处理，数据挖掘技术依然能挖掘出精确信息。与此同时，数据在初次使用和二次利用的过程中，不仅不会被损耗，还会随着二次利用产生越来越大的价值。

由此可见，大数据时代的人们时刻都处于"第三只眼"的监视之下，并留下一条永远存在的"数据痕迹"。这些关于个人的"数据痕迹"很容易导致个人隐私泄露，给个人带来无法挽回的损失甚至伤害。

2. 数字身份

自战国时期商鞅发明的"照身帖"以来，身份成为个体寻求自我同一性的标识。随着数字社会的到来，数字身份应运而生。所谓数字身份是指在数字世界中创造和感知身份的方式和手段。他人可以通过计算机系统获取、使用、储存、转移或处理数字身份。

数字身份既具有实体社会中自然人身份在数字空间的映射功能，也是个体在数字空间中行动的身份标识，数字身份具有以下特点。

(1) 多样性。一个人可以有多个不同的数字身份，可根据情境、应用的目的或所获服务种类拥有不同的数字身份。

(2) 可变性。数字身份不是一成不变的，可以随着时间、地点、工作环境或家庭生活等情况的变化而发生变化。

(3) 可伪性。个人提供的身份属性可以是真实的、片面的、匿名的、可篡改的。例如黑客可以窃取用户信息，并利用软件伪造他人身份。

数字身份不是唯一的、静态的或永久的，它存在以下三个问题。

(1) 易被盗用。由于互联网上私人信息的可得性，数字身份盗用业已成为发展最为迅速的犯罪行为之一。犯罪人员可以通过病毒攻击、钓鱼网站、爬虫软件等各种手段获取他人身份信息。

(2) 易被追溯。在大数据时代，数据之间的相关性使得人们可以通过网络上的数字身份提供的网络痕迹追溯到人们的实际身份和隐私信息。

(3) 真实身份的认同。数字身份与真实身份通常是不一致的，由于数字身份往往没有现实世界的约束和束缚，在虚拟世界中个体行为容易被夸大，容易造成人格分裂。

3. 数字鸿沟

所谓数字鸿沟是指拥有新技术接入能力和应用能力的人群或区域与没有新技术接入能力和应用能力的人群或区域之间的差距。数字鸿沟体现在不同人群或区域信息能力的差异化。

在大数据时代背景下，大数据技术正直接或间接地改变人们的出行、交流、交友方式，引发社会关系的全面变革。根据中国互联网络信息中心发布的《第 53 次中国互联网络发展状况统计报告》显示，截至 2023 年 12 月，我国网民规模达 10.92 亿人，互联网普及率达 77.5%，非网民规模为 3.17 亿人，其中，"不懂电脑/网络"而不上网的非网民占比为51.6%，"没有电脑等上网设备"而不上网的非网民占比为 16.7%，"不懂拼音等文化程度限制"而不上网的非网民占比为 27.7%。由于非网民群体无法接入网络，在出行、消费、就医、办事等日常生活中会遇到不便，无法充分享受智能化服务带来的便利。

人们对社会信息资源占用和使用程度不同所造成的数字鸿沟会引发个人之间、区域之间新的"贫富差距",这不仅反映在财富上的差距,还反映在处于数字鸿沟底层的人群或区域失去通过数据的方式来表达自我的权利和能力,这种权利和能力的丧失将加剧社会阶层差异化与社会群体割裂,产生信息红利分配不公平问题,成为社会发展不平衡的新根源,这对社会公平正义造成严重的冲击,影响社会和谐与稳定。

4. 信息茧房

随着网络技术的高速发展,海量的信息似乎成为了一种负担。信息过载(Information Overload)超过了人类有效利用信息的能力,使得无法从信息群中选择真正有用的信息,降低了信息的使用效率。因此,在信息过载的情况下,人们提出两种解决方案:一种是信息检索系统,如搜索引擎Google、Baidu;另一种是推荐系统(Recommender Systems),如图6.1所示。算法推荐技术取代传统信息传播方式,引发了信息传播方式的变革。当人们每天面对着数量庞大的信息时,推荐系统将帮助人们筛选出其中可能感兴趣或可能有用的信息,将"人找信息"转变为"信息找人",满足人们快速获取自身需要的信息这一需求,极大节省了用户时间,降低了获取信息的成本。

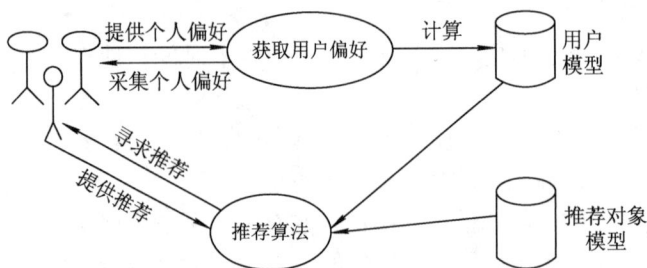

图 6.1   推荐系统模型

与此同时,推荐系统也使得人们接收到的信息逐渐窄化,即人们只能接收到符合自己偏好或最近浏览过的内容,从而陷入自己编织的信息茧房(Information Cocoons)中。信息茧房的概念是由哈佛大学法学院教授凯斯·桑斯坦在其2006年出版的著作《信息乌托邦:众人如何生产知识》中提出的。桑斯坦教授认为如果公众长期只接触自己感兴趣的信息,就会如同蚕茧中的蚕蛹,形成密闭的信息空间,久而久之人们接收信息的维度越来越少,视野越来越狭窄,辩证思考能力越来越弱,价值观也将日益偏激,最终导致个体价值观极化,削弱主流价值的认同、阻碍价值共识的达成以及降低社会凝聚力的提升。特别是算法推荐内容的标准掺入算法设计者人为的价值因素,用户长期接收着算法推荐的内容,看似掌握了主动选择是否符合自身需求的权利,事实上,却陷入被动接受算法推荐信息的困境。

■ **案例**

推 荐 系 统

推荐系统是一个拟合用户对内容满意度的函数,本质上要解决用户、环境和资讯的匹配问题。推荐系统包括三方面的维度变量,分别是内容维度、用户维度、环境维度。

首先是内容维度,也称为内容分析,包括文本分析、图片分析和视频分析。该维度的分析对象是内容本身，即对于互联网上的海量内容如文本、图片、视频等根据其内容本身的特点进行标注、分类。例如，在文本分析中，一篇文本会被按照主题词、兴趣标签、时效性、作者来源、热度、地点等标准进行分析与贴标签。系统将文本标签是"足球"的文章推送至用户端后，阅读该带有"足球"标签文章的用户也会因此被贴上"爱看足球"的标签，实现了对用户的标签化。对文本进行分析，可以提高信息传播的有效性，如不会将武汉限行的文章推送给北京用户。

其次是用户维度，也称为用户标签，如表 6.1 所示，包括用户的兴趣特征、身份特征和行为特征。新媒体一直鼓励用户用社交媒介进行登录，从而可以获得社交媒介的相关数据。这些数据经分析被归类为各种特征被系统所学习，更重要的是系统不仅使用单一的特征，还会将这些特征进行组合，并在较短时间内计算出用户的兴趣画像，且当用户实施点击、阅读操作后，系统也会在较短时间内进行模型更新，用户下拉即能为用户更新个性化信息，使用户在任何场景都能接收到有价值、符合其兴趣的信息。

表 6.1 常用的用户标签

兴趣特征	感兴趣的类别、主题、关键词、来源、各种垂直兴趣特性，如科技、音乐等
身份特征	性别、年龄、常驻地点、职业，如学生、白领、自由职业等
行为特性	点击、停留、滑动、评论、分享、晚上才看视频等

最后是环境维度。环境维度则考虑用户所在的城市，并判断是常住地还是出差、旅行地；考虑用户所在的自然环境是白天或是黑夜，天晴或是下雨，时间是早、中、晚，是工作日或是节假日；用户所处的网络状况是 4G/5G 网络还是 Wi-Fi 等。

5. 数据独裁

数据独裁是指在大数据时代由于数据量的爆炸式增长，迫使人们必须完全依赖数据的预测和结论才能做出最终的决策。从某个角度来讲，数据独裁是一种过于依赖数据导致的被数据支配的状况，就是让数据统治人类，使人类彻底走向唯数据主义。正是由于唯数据主义，数据不仅成为衡量一切价值的标准，也决定了人的认知和选择的范围，这导致人类思维被"空心化"，创新意识丧失，反思和批判能力弱化，最终沦为数据的奴隶。例如，时任美国国防部部长麦克纳马拉在越战中过于迷信数据，将复杂的战争状况量化成一条条数据，忽略了社会、历史、文化等因素的影响。

6. 数据垄断与归属模糊

在大数据时代，数据具有非常鲜明的财产性，即数据持有人或者数据控制人可以合法有效控制数据，并能够为数据持有人或者数据控制人带来经济效益。因此，数据成为继土地、资本、能源等传统资源之外的一种新资源。例如，全球零售业巨头沃尔玛在对消费者购物行为分析时发现，男性顾客在购买婴儿尿片时，常常会顺便搭配几瓶啤酒来犒劳自己，于是尝试了将啤酒和尿布摆在一起的促销手段。没想到这个举措居然使尿布和啤酒的销量都大幅增加了。"啤酒＋尿布"的数据分析成果早已成了大数据技术应用的经典案例，由此可见，企业掌握的数据量越多，越有利于发挥数据的作用，也越有利于最大化消费者福利和社会福利。

然而一旦大数据企业形成数据垄断，就会出现消费者在日常生活中被迫地接受服务及提供个人信息的情况。同时，数据的所有权、采集权、遗忘权、使用权、隐私权、收益权以及处置权等每个公民在大数据时代的新权益，其界限也变得含糊不清。

■ 案例

数据权利之争

华为荣耀 Magic 手机基于安卓系统开发了 Magic Live 智慧系统(简称智慧助手)，智慧助手可以根据微信聊天内容自动加载地址、天气、时间等信息，如用户在微信聊天过程中提及电影相关信息时，就会自动推荐近期热映大片，并根据用户的喜好提供影院与订票功能等。对此，腾讯认为华为的做法侵犯了腾讯微信用户隐私，而华为则坚持认为所有数据是属于用户的，华为获得了用户的授权同意就可以使用这些数据，并且这些数据只在华为荣耀 Magic 手机上处理，并没有将数据上传至任何云端。对于数据归属于谁，腾讯和华为互不让步，而拥有信息所有权的用户却没有发言权。

首先，华为给予荣耀 Magic 手机用户根据其需求在手机设置中随时开启或关闭智慧助手的功能，从而授权或停止授权华为荣耀 Magic 手机根据用户微信聊天信息向用户提供调用其他功能的智能化选择。智能助手有关读取、识别、分析和推荐功能均是在用户手机的本地完成，并未将相关用户的个人信息转移至华为服务器，华为并没有侵犯微信用户个人信息。其次，根据腾讯与用户达成的《腾讯微信软件许可及服务协议》的约定以及《微信个人帐号使用规范》的规定，微信已经以协议的形式禁止用户使用未经微信许可的其他方接入微信软件和相关系统，作为用户信息的所有者被限制了自身个人信息的处置权，即用户不能授予华为直接收集和使用其在微信中传输、存储的聊天信息的权利。因此，微信用户在使用荣耀 Magic 手机的过程中，未经腾讯书面许可，并没有权利将智慧助手接入微信。

工信部就腾讯和华为的数据之争做出了回应："针对此次腾讯和华为在手机新功能上的分歧，工信部在用户个人信息保护方面，会依照《电信和互联网用户个人信息保护规定》等有关法律法规，督促企业加强内部管理，自觉规范收集、使用用户个人信息行为，依法保护用户的合法权益。对信息通信企业之间的分歧和纠纷，工业和信息化部会依据职责积极组织协调、引导行业自律，为大众创业、万众创新营造良好的市场秩序。"

7. 数据安全

数据安全问题是指人工智能系统在处理数据过程中，由于系统漏洞或恶意攻击等原因，导致数据被篡改、破坏或泄露。数据安全问题可能导致数据失效或不可用，从而影响人工智能系统的性能和准确性。同时，数据安全问题也可能引发数据隐私泄露等安全问题。

我国《数据安全法》规定数据安全是指通过采取必要措施，确保数据处于有效保护和合法利用的状态，以及具备保障持续安全状态的能力。

随着大数据自由、公开、共享及应用，数据从采集、存储、关联计算、发布到交易、存档全流程中可能"被提取""被记录""被盗用""被关联处理"。例如，随着物联网的发展，人们可以远程操控家里的摄像头、空调、门锁、电饭煲等，这些智能家居产品为人们的生活增添了诸多乐趣和便利，然而部分智能家居产品存在安全问题，使得用户的数据安全面临极大的风险，如黑客可以远程随意查看相关产品用户的网络摄像头的视频内容。

6.2.2　大数据伦理问题的产生原因

1. 数据的价值化

在大数据时代下，人们在虚拟的网络空间中已经变成了"数据人"。人们在互联网上的行为都转化为数据。而此时的数据已然变成了一种资源，并被视为是一种有价值的资产，成为数字经济时代最具活力的生产要素。因此，数据资产是数据要素的表现形式，也是数据价值化的主要载体。2023 年 10 月，国家数据局正式揭牌，并于 2024 年 1 月印发《"数据要素×"三年行动计划(2024—2026 年)》，提出要充分发挥数据要素乘数效应，即通过数据要素价值化培育新质生产力。2024 年 7 月，中国共产党第二十届中央委员会第三次全体会议通过《中共中央关于进一步全面深化改革　推进中国式现代化的决定》提出要加快形成同新质生产力相适应的生产关系，促进各类先进生产要素向发展新质生产力集聚，大幅提高全要素生产率。

数据价值化的本质是依托数据全生命周期的价值形成、价值创造、价值实现、价值共享过程。原始数据是数据的初始状态，通过验证数据来源的合法性和确权生成数据集，并对其进行收集、清洗和整理等程序性处理，使数据集转化为符合统一标准和格式的数据资源。经过进一步赋能和评估，数据资源被视为可计量、可预期未来收益的资产，即数据资产。通过市场流通和金融创新，数据资产转变为可交易的数据资本。因此，谁掌握更多的数据，谁就掌握了未来的发展。企业或个人将所拥有的数据通过数据资产价值化，从而获得竞争优势，这导致企业或个人不遗余力地争夺数据信息资源，也由此带来资源的不平等。

此外，数据的价值化对数字经济核心技术的掌握程度要求较高，这也给企业或个人带来巨大的挑战。

2. 大数据研发者缺乏工程伦理责任意识

大数据研发者缺乏工程伦理责任意识主要体现在以下几个方面：

(1) 社会伦理责任履行不到位。研发者作为工程活动的灵魂，当他们发现所进行的工程活动可能会侵犯公众的个人隐私权甚至威胁人类安全，没有采取适当的途径和方式向相关部门反映，并制止这种行为发生。

(2) 没有自觉遵循社会道德行为准则。大数据研发者仅仅关注利用专业技术解决人类社会的实际问题，忽视了人文价值和社会效益，未对设计分析的程序是否会引发伦理问题、是否产生不良后果进行考量，没有保证技术的应用能够真正为人类带来福祉。

3. 公众隐私意识缺乏，信息使用者和搜集者的道德义务缺失

大数据时代的技术以及开放共享的理念改变着世界的发展和公众的生活习惯，公众降低个人隐私泄露的底线，通常以默许的方式同意软件平台收集自己的个人信息。个人信息不断地被网络设备记录、追踪、传播，直至用户发现自己的数据信息被大数据公司或组织收集和使用，才意识到隐私意识的缺乏和使用软件时的不当行为会引发隐私问题。

信息使用者和搜集者作为责任主体，其自身的道德义务缺失会潜移默化地影响周围人的生活和公共生活。有学者指出，网上能搜索到的数据只占数据总量的 20%，80%的数据掌握在企业手中。许多企业为了提高自身在市场上的竞争优势，实现更大的经济利益，把对数据的追求看作是对企业价值的提升，从而忽视自己的道德义务。

4. 大数据技术应用的信息管理制度和工程伦理规范不完善

信息使用者和收集者利用大数据技术广泛收集用户数据，并进行关联分析，这种未经授权收集他人数据的行为造成了对他人隐私的侵犯，违背了工程伦理的知情同意原则。同时，大数据技术可以通过其独有的预测、跟踪及分析功能，使人类更多地依赖于智能系统，同时逐渐地使人类失去在社会关系中的主体地位，这表明大数据的开发和应用没有遵循工程伦理的以人为本原则。现有的法律规范以及工程伦理规范不能完全适应大数据工程领域的发展需要以及解决大数据技术发展过程中产生的新问题。

大数据应用技术的监管机制还不完善，监管机构权力和责任不明确，预防性监督措施欠缺，现有的行政处罚不能有效解决大数据技术所带来的各种伦理问题。

6.3　大数据伦理问题的解决之道

为了防范和降低大数据工程的伦理风险，大数据技术的研发、设计与应用应该以技术为核心，以法律、伦理规范为红线，以社会进步、增进福祉为目标，推动大数据技术治理水平与治理能力现代化。

1. 坚持正确伦理观念的价值引领，坚守伦理底线

大数据技术的应用吸收了中国古代优秀的科技伦理思想，传承了中国古代"兴天下之利"的伦理观、"天人合一"的生态伦理思想以及"以道驭术"的技术道德规范，坚持以人民为中心，服务人民、造福人类为根本目的，坚持新时代科技伦理思想，保持科技本身的真、科技成果的善、社会发展的美，满足人民的需要，合理、合法地采集和使用数据，促进大数据技术健康、有序地发展。如对于大数据生产者，遵循物理世界的伦理道德规范，对于不良用心公司的算法推荐的低俗内容要拒斥，提高自己的格局，拓宽自己的眼界，对于一些数据不要盲目轻信和传播；对于数据收集者，要有底线地收集用户数据，在利益面前要把道德放在第一位，发挥职业精神以及安全防护意识，要对敏感的用户数据进行加密和匿名化处理，确保他人的隐私权和人权不受侵犯；对于大数据使用者，不能毫无节制地使用用户数据，要怀有敬畏之心，在进行数据挖掘的过程中，不能将公司利益置于用户利益之上，要在二者之间寻找一个商业平衡点。

2. 保持开放、共享的心态，确保数据透明、公开

任何新技术都是在社会经济需求和科技内在逻辑两种合力的推动下出现的，面对尚未熟悉的新技术，人类怀着一种开放的心态积极接纳。在大数据时代，数据信息成为一种新资源，任何数据只要不涉及个人隐私、组织秘密或国家安全，都应该最大限度地向公众开放。大数据时代的人们坚持分享精神，"我为人人，人人为我"，让数据资源发挥其最大的价值，坚持数据和算法的公开、透明，逐步实现数据可审核、可监督、可追溯、可预测、可信赖，实现限制个人数据的二次使用，也可以起到规范个人隐私使用的作用。

例如，在政府层面，在保守国家机密和秘密的前提下打破数据壁垒和隔阂，逐步推进不同部门、不同层级的数据公开化、透明化，使得内部数据最大化地用之于民；在企业行业层面，在企业内部要加强不同业务之间的数据共通融合，在企业外部要推动建立对应行业数据开放标准和统一接口，大型企业在保守各自商业秘密的前提下共享一定程度的数据，带动中小型企业开放共享数据。

3. 加强数字经济核心技术的普及，提升全民数字素养与技能

数字素养与技能是数字社会公民在学习、工作、生活中应具备的数字获取、制作、使用、评价、交互、分享、创新、安全保障、伦理道德等一系列素质与能力的集合。提升全民数字素养与技能，促使人们能够共享数字经济发展的成果，促进受教育水平和人力资源水平的进步。2021 年，中央网络安全和信息化委员会印发《提升全民数字素养与技能行动纲要》，纲要指出到 2025 年，全民数字化适应力、胜任力、创造力显著提升，全民数字素养与技能达到发达国家水平。数字素养与技能提升发展环境显著优化，基本形成渠道丰富、开放共享、优质普惠的数字资源供给能力。初步建成全民终身数字学习体系，老年人、残疾人等特殊群体数字技能稳步提升，数字鸿沟加快弥合。劳动者运用数字技能的能力显著提高，高端数字人才队伍明显扩大。全民运用数字技能实现智慧共享、和睦共治的数字生活，数字安全保障更加有力，数字道德伦理水平大幅提升。因此，加强数字经济核心技术的普及，从个人层面来看，有利于个人参与并高效利用数字技术进行消费、生产、休闲，提升了个人综合素质；从企业层面来看，数字经济核心技术的普及使不同规模、不同水平的企业更好地参与到数字经济活动中，促进企业的数字化转型发展；从产业层面来看，促进了数字经济与产业的深度融合，有利于产业结构转型升级，促进产业上下游的融合发展。

4. 加强数据立法，完善监督机制

进入大数据时代，世界各国都非常重视大数据的发展，视大数据为重要的战略资源，积极捍卫着本国数据主权。因此，在大数据时代，原本适合小数据时代的诸多法律、法规由于大数据的多次开发与使用而不再适用。

在大数据时代，数据的采集、使用、储存和删除各个环节都严格遵守相关数据安全规定、伦理道德及相关法律标准，如为数据利益划定界限，明确数据归属权，确立数据收集标准和收集范围，确立数据存储安全标准，保障个人隐私数据与国家机密数据的安全等。例如，在中国，2017 年 6 月 1 日实施的《中华人民共和国网络安全法》中第四十条规定网络运营者应当对其收集的用户信息严格保密，并建立健全用户信息保护制度；第四十一条规定网络运营者收集、使用个人信息，应当遵循合法、正当、必要的原则，公开收集、使用规则，明示收集、使用信息的目的、方式和范围，并经被收集者同意；第四十二条规定网络运营者不得泄露、篡改、毁损其收集的个人信息；未经被收集者同意，不得向他人提供个人信息。但是，经过处理无法识别特定个人且不能复原的除外。2019 年，国家互联网信息办公室公布《数据安全管理办法(征求意见稿)》，该办法对利用网络开展数据收集、存储、传输、处理、使用等活动以及数据安全的保护和监督管理方面做了相关规定，保护数据

免受泄露、窃取、篡改、毁损、非法使用等。该办法表明国家坚持保障数据安全与发展并重，鼓励研发数据安全保护技术，积极推进数据资源开发利用，保障数据依法有序自由流动。在国外，2018 年 5 月 25 日，欧盟《一般数据保护条例》(General Data Protection Rule，GDPR)正式生效。法律规定了数据主体的被遗忘权和删除权，引入了强制数据泄露通告、专设数据保护官员等重要内容，同时规定了更严厉的违规处罚。该条例生效后最引人关注的是谷歌因违规遭到法国数据保护监管机构的重罚。2019 年 1 月 21 日，法国数据保护监管机构对谷歌开出首张巨额罚单，金额高达 5000 万欧元(约 3.8 亿元人民币)。此次罚款的根本原因是谷歌在为用户提供个性化广告推送服务中违反了透明性原则，并且没有在处理用户信息前取得其有效同意。

大数据技术可以通过海量数据来挖掘历史，预测未来。要加强建设大数据领域的社会监督机制，充分发挥政府的引导作用，鼓励公众参与大数据应用的监督过程，审视大数据企业行为和个人行为，促进企业与个人的道德自律，从而使得大数据技术应用朝着符合国家和公众利益的方向发展。

6.4　本章小结

进入信息社会以后，人类所产生的数据量开始呈现"井喷式"增长，"数据爆炸"成为大数据时代的鲜明特征。本章首先介绍了大数据的概念及特点，和大数据时代下人们思维方式的三种转变，然后介绍了大数据时代下所面临的伦理问题，分析了大数据伦理问题产生的原因，最后阐述了化解大数据伦理问题的方法。

6.5　案例分析题

(1) 阅读"DeepMind 与 NHS"案例，并进一步查阅资料，回答以下问题：

① 为什么个人隐私事件屡见不鲜甚至有扩大的趋势？

② 个人的隐私信息和普通信息有时很难被精确地区别，如何更好地区分二者以便企业能正当地采集数据信息？

③ 在企业的商业利益面前，工程师为公众发声可能很难被听到，有哪些途径可以强化工程师发出的声音？

④ 如何提升人们的工程伦理意识？

DeepMind 与 NHS

英国国家医疗服务体系(National Health Service，NHS)是一个承担着保障英国全民公费医疗保健这一重任的体系。NHS 体系分两大层次，即第一层次是以社区为主的基层医疗服务，例如家庭医生牙医、药房、眼科检查等；第二层次医疗以医院为主，包括急症、专科门诊及检查、手术治疗和住院护理等。

2015 年 11 月，谷歌旗下人工智能公司 DeepMind 与 NHS 开始测试一款名叫 Streams 的健康保健 App。该 App 可以对人体系统的急性肾损伤进行诊断和检测，一旦发现病人有患病风险，就会向医护人员推送提醒。Streams 的第一个版本计划于 2017 年初推出，并应用于 NHS 旗下医院的临床医疗团队。

2017 年 5 月 4 日，据国外媒体报道，DeepMind 获得了访问 NHS 的约 160 万病人数据的许可。2017 年 7 月 3 日，英国信息委员会宣布英国伦敦皇家自由医院(Royal Free)与 DeepMind 的合作违反了英国的信息保护法案，侵犯了 160 万病人的隐私。英国信息委员会认为 Royal Free 将医疗信息共享给 DeepMind 的法律依据叫做"直接医疗"，即信息共享是为了给病人提供更好的治疗。在这种法律依据下，医护人员不需要病人明确表示同意就可以将其信息进行共享。但是，DeepMind"不当地"共享了 160 万病人的病历记录，未向这些病人告知其数据将被用于测试 Streams，而非致力于完善检测病患的结果。因此，这是一起典型的通过隐藏式收集数据的方法来获取信息并非法使用病人信息数据的违背商业伦理道德的案例。

(2) 阅读本章的"推荐系统"案例，并进一步查阅资料，回答以下问题：

① 产生信息茧房的核心原因是什么？

② 你认为提升用户媒介素养的可以采取哪些具体措施？

③ 如何设计一个合理的推荐算法？

第7章

人工智能伦理

1956 年夏，约翰·麦卡锡(John McCarthy)和马文·明斯基(Marvin Minsky)等科学家第一次提出"人工智能"(Artificial Intelligence，AI)这一概念。人工智能历经两次高潮和低谷，不断与经济、社会深度融合，迅速而深刻地改变着人类的生活。人工智能在提高效率、带来效益的同时，也不可避免地会冲击现有的社会秩序，引发一系列颠覆性的伦理问题，正如麻省理工学院的泰格马克教授在《生命 3.0：人工智能时代人类的进化与重生》书中比喻：一旦人工智能比人类智能更为强大，那么人的地位就沦落到和蚂蚁差不多：没有人憎恨蚂蚁、必欲除之而后快，但人还是会无意中踩死蚂蚁。

本章学习目标

(1) 了解人工智能的基本概念、发展历程和相关学派。
(2) 掌握人工智能伦理的基本概念。
(3) 理解人工智能伦理的基本问题、产生的根源以及伦理原则和治理机制。

引例：ChatGPT

ChatGPT(Chat Generative Pre-trained Transformer)是一款由美国人工智能公司 OpenAI 开发的一种由生成式人工智能技术驱动的自然语言处理(Natural Language Processing，NLP)工具，于 2022 年 11 月 30 日发布。ChatGPT 采用 Transformer 神经网络架构，具有强大的语言理解和生成能力，特别是它可以通过连接大量的真实世界中的对话语料库来训练模型。ChatGPT 聚合视频文本生成、自然语言处理、智能计算等功能，具备上知天文下知地理，能根据聊天的上下文进行互动的能力。正是这种能力，使得 ChatGPT 可以与人类进行智能对话，协助人类完成撰写邮件、视频脚本和文案、翻译语言、编写代码、写论文等任务。

同时，ChatGPT 还采用了注重道德水平的训练方式，按照预先设计的道德准则，对不怀好意的提问和请求"说不"。一旦发现用户给出的文字提示中含有恶意的描述，包括但不限于暴力、歧视、犯罪等意图，ChatGPT 都会拒绝提供有效答案。

ChatGPT 一经推出，迅速在社交媒体上走红，在短短 5 天里，其注册用户数超过 100 万。2023 年 1 月月末，ChatGPT 的月活跃用户突破 1 亿，成为史上增长最快的消费者应用。2023 年 2 月 2 日，OpenAI 发布 ChatGPT 试点订阅计划——ChatGPT Plus。订阅者可获得比免费版本更稳定、更快的服务，以及功能更新和优化的优先权。2023 年 2 月 2 日，微软官方公告表示，旗下包括智能搜索引擎 Microsoft Bing、办公软件 Microsoft Office、开放式云计算平台 Microsoft Azure 等所有产品将全线整合 ChatGPT。

然而，人工智能的迅速发展也给人类带来了一些困扰与不安，例如，ChatGPT 在辅助人们开展研究性工作过程中，会产生抄袭、剽窃、数据造假、实验造假等学术不端行为，目前，ChatGPT 已被部分教学科研机构禁用。

思考：

(1) 人工智能是否能和人类智能比拟？

(2) 人工智能伦理观应该如何建立？

(3) 人类应该如何适应人工智能时代？

7.1　人工智能概述

7.1.1　人工智能的内涵

1. 什么是智能

《荀子·正名篇》中有云：所以知之在人者谓之知，知有所合谓之智。所以能之在人者谓之能，能有所合谓之能。其中，"智"是指人进行认知活动的能力；"能"是指人进行实际活动的能力。荀子的这段话体现了实现"智能"既要求人需要具备知识理论和思维能力，又必须要有将知识和思维进一步转化为实践的能力。

将智与能作为一个整体来看待，智能不仅涉及对事物的认识能力，还包括行动能力，如各种技能和正确的习惯等。因此，智能是一种普遍的心智能力，包括推理、计划、解决问题、抽象思考、理解复杂概念、快速学习和从经验中学习的能力。劳动、学习和交流都是智和能统一的活动过程，是人类独有的智能活动。

综上，所谓智能是智力和能力的总称，是指人们通过感觉、知觉、记忆、思维、想象等认知活动，对客观事物进行分析、综合、判断和推理，从而形成认知和理解事物的能力。智能是人们认识世界和改造世界的基础，也是人类文明发展的重要驱动力。

智能包含以下四种能力：

(1) 感知能力：人类通过视觉、听觉、触觉等接收并理解来自客观世界的信息，获取感性知识。

(2) 思维能力：人类通过大脑的思维活动，如记忆、联想、推理、比较、分析、判断、探索等，对各种信息进行加工处理，构建概念和方法，将感性知识上升为理性知识，并通过回忆、推理、计算等方式做出决策或获得结论。

(3) 学习及自适应能力：人类持续与环境之间相互作用，不断积累经验和知识以适应环境变化。

(4) 行为能力：人类通过语言或动作对内部状态和外部环境做出适当反应的能力。

2. 什么是人工智能

"人工智能(Artificial Intelligence，AI)"概念的首次提出可追溯到 1956 年美国达特茅斯学会。所谓人工智能，是指利用计算机或者计算机控制的机器模拟、延伸和扩展人的智能，感知环境、获取知识并使用知识获得最佳结果的理论、方法、技术及应用系统。人工智能的目标是使计算机具备像人类一样的智能和学习能力，如理解、推理、决策能力。

尽管人工智能与人之间形成了一种超越一般物与人的社会关系，但人工智能和人类智能还是有区别的，具体的区别如下：

(1) 物理性。人工智能是无意识的、机械的、物理的过程，人类智能体现为生理的和心理的过程。

(2) 社会性。人工智能没有社会性，人类智能具有社会性。社会性即在社会实践过程中，人与人之间会产生各种关系。这也是人类智能的本质。

(3) 能动性和创造性。人工智能不具有人类意识特有的能动性和创造能力，人类智能能够主动提出新的问题，并在解决问题过程中进行发明创造。

(4) 情绪性劳动差异。情绪劳动是指人在工作时展现某种特定情绪以达到其所在职位工作目标的劳动形式。人工智能不具有情绪性劳动，而人类智能具有情绪性劳动。

当前，以深度学习为核心的新一代人工智能技术取得了极大的成功，诸如 ChatGPT 等大模型的出现不断刷新着人们的认知极限，AI 性能逐步趋近人类智能，重塑了人类生活、工作和交流的方式。

7.1.2 人工智能的发展历史

人工智能作为 20 世纪伟大的科学成就之一，其发展经过了从诞生概念到落地应用的蜕变，历经 2 次高潮和低谷，如今已成为全球令人瞩目的科技焦点，成为新一轮科技革命和产业革命的重要驱动力量。人工智能的发展主要分为三个阶段，如图 7.1 所示。

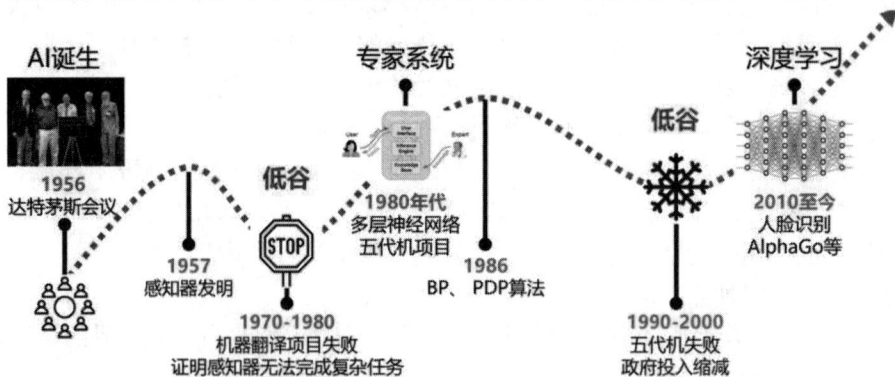

图 7.1　人工智能的发展

1. 初级阶段——深耕细作(20 世纪 50 年代中期～20 世纪 80 年代初期)

在人工智能概念提出之前，艾伦·麦席森·图灵、库尔特·哥德尔、约翰·冯·诺依曼、克劳德·艾尔伍德·香农等伟大的先驱者奠定了人工智能和计算机技术的基础。例如，计算机科学和人工智能之父艾伦·麦席森·图灵(Alan Mathison Turing，1912—1954)于1950 年提出著名的图灵测试，即电脑如果能回答一系列人类的问题，且提问者无法分辨回答者是否为电脑，那么就认为电脑通过了智能测试。图灵测试至今仍然被当作测试人工智能水平的重要标准之一。

1956 年，人工智能的先驱们(如图 7.2 所示)在达特茅斯会议(Dartmouth Conference)上首次提出"人工智能"术语。这一年也被称为人工智能元年。在此之后，人工智能领域的学者相继取得了一批令人瞩目的研究成果，掀起人工智能发展的第一个高潮。例如，亚瑟·塞缪尔(Arthur Samuel)研发了第一个计算机跳棋程序。该程序能够根据先前的比赛经验和评估函数来自我学习和优化下棋水平，被认为是最早的机器学习程序之一。该程序运用的基于经验的自我学习方法被称之为"强化学习"。

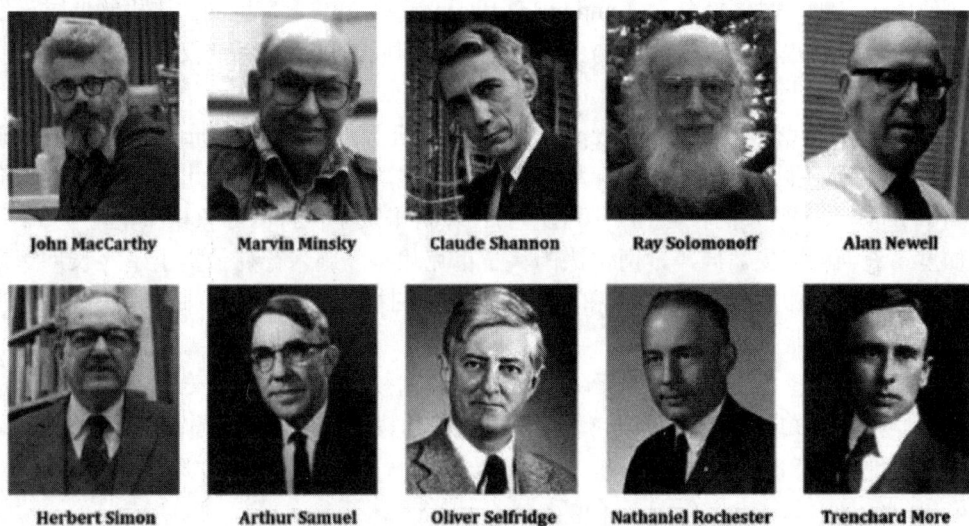

图 7.2　人工智能的先驱们

20 世纪 60 年代，人工智能研究开始关注自然语言处理。美国计算机科学家约瑟夫·魏泽堡开发了能够模拟医生与患者之间对话的聊天机器人艾丽莎(ELIZA)。尽管 ELIZA 的功能有限，但它开启了自然语言处理研究的新篇章。美国心理学家弗兰克·罗森布拉特提出了感知机模型，这是一种具有学习能力的神经网络。但在后来，由于感知机在处理非线性问题时存在局限，导致神经网络研究陷入低谷。与此同时，人们开始警惕人工智能可能给人类带来威胁，由此获得灵感创作了众多科幻电影。

20 世纪 70 年代初，由于计算机性能的限制、计算复杂性呈指数级增长、数据量不足等问题，人工智能遭遇了无法克服的基础性障碍，人工智能研究进入低谷期。

2. 发展阶段——突飞猛进(20 世纪 80 年代初期～21 世纪初期)

20 世纪 80 年代初，专家系统作为人工智能领域的一项重要成就，通过集成大量的专业知识、经验和规则，利用先进的推理机制，模拟人类专家在特定领域的知识和经验解决特定领域的复杂问题。专家系统实现了人工智能从理论研究走向实际应用、从一般推理策略探讨转向专门知识运用的重大突破。专家系统在医疗、化学、地质等领域的成功推动了人工智能走入应用发展的新高潮。例如，费根鲍姆带领团队开发的 DENDRAL 系统，是世界上第一例成功的专家系统；首个成功的商用专家系统 R1 在数字设备公司(Digital Equipment Corporation，DEC)投入使用，截至 1986 年，他每年为 DEC 公司节省大约 4000

万美元的费用。

在这一时期，神经网络研究逐渐复苏。反向传播算法的提出使得多层神经网络得以训练，促进了深度学习的发展。联结主义方法的兴起也为神经网络研究提供了新的理论基础。

1989 年，乔纳森·舍佛(Jonathan Schaeffer)带领他的团队研发了国际跳棋程序"奇努克(Chinook)"，目标是战胜人类世界跳棋冠军。1992 年，奇努克与国际跳棋冠军马里恩·廷斯利(Marion Tinsley)对弈，后者获胜。1994 年，奇努克再次接受挑战，参加了与马里恩·廷斯利的比赛。该场比赛持续六个月，共进行了 40 局，最终以 1 胜、3 负、36 和的战绩告终。1992 年，杰拉尔德·特索罗(Gerald Tesauro)开发一款计算机西洋双陆棋程序 TD-Gammon，该程序使用了名为"时序差分"(Temporal Difference，TD)的学习机制。该机制通过不断学习的方式予以自我提高。人工智能与生物人在博弈领域的挑战，不仅仅是技术上的，更是文化、哲学和心灵上的。

20 世纪 90 年代初，苹果公司(Apple)与国际商业机器公司(International Business Machine Corporation，IBM)推出的台式机为计算机工业的发展奠定了基础并指引了早期发展方向。1997 年，IBM 公司研发的代号为"深蓝"的计算机击败了保持国际象棋棋王宝座 12 年之久的加里·卡斯帕罗夫。同年，两位德国科学霍克赖特和施米德赫伯提出了"长期短期记忆"。这是一种今天仍用于手写识别和语音识别的递归神经网络，对后来人工智能的研究有着深远影响。

随着台式机的性能不断提升以及人工智能的应用规模不断扩大，专家系统存在的应用领域狭窄、常识性知识缺乏、知识获取困难、推理方法单一等问题逐渐暴露出来，加之人工智能专用硬件 LISP 机器发展缓慢，从而导致人工智能的发展第二次陷入了低谷。

3. 爆发阶段——量变到质变(21 世纪初期至今)

随着大数据、云计算、物联网等信息技术的发展，以深度神经网络为代表的人工智能技术也取得了飞速发展。计算能力的飞速提升和数据集的大规模增长促进了人工智能技术的突破，迎来人工智能技术爆发式增长的新高潮。

21 世纪初，深度学习技术的出现使神经网络研究取得了突破性进展。深度学习通过构建多层神经网络，实现对复杂数据的抽象表示，并在图像识别、语音识别等领域取得了显著成果。例如，围棋是中国最古老也是最复杂的棋盘游戏。2016 年，DeepMind 公司的 AlphaGo 和人类之间进行了一场围棋较量，AlphaGo 成功击败了世界冠军李世石。2018 年，OpenAI 公司的 GPT 系列和 Google 公司的 BERT 模型，它们通过数十亿甚至数千亿的参数，捕捉到语言的微妙细节，极大地推动了自然语言处理(NLP)的发展。这些模型在文本生成、机器翻译、问答系统等方面展现出惊人的能力。

人工智能发展史是一部充满挑战与创新的历史。人工智能经过 60 余年的演进，从最初的逻辑推理、专家系统，到如今的深度学习，人工智能技术不断突破传统边界，为人类社会带来了前所未有的变革，成为第四次工业革命的引导力量，对未来人类社会产生了巨大影响。与此同时，人工智能的发展也面临着伦理、法律和政策等多方面的挑战。

7.1.3 人工智能学派

人工智能经过 70 多年的演进，特别是在大数据、云计算、移动互联网、超级计算、传感网、脑科学等新理论新技术以及经济社会发展强烈需求的共同驱动下，形成了符号主义、联结主义、行为主义三大学派。

1. 基于知识规则和逻辑推理的符号主义

符号主义(Symbolism)亦被称为逻辑主义(Logicism)。符号主义认为人工智能的核心是知识表示、知识推理和知识运用，而人类认知和思维的基本单元是符号，认知过程可以被视为在符号表示上的一种运算。因此，符号主义主张人工智能源于数理逻辑，通过研究人类认知系统的功能机理，将智能视为符号处理过程，并采用形式逻辑实现智能，即智能＝物理符号系统(计算机)＋符号表示＋符号处理。符号主义代表人物如图7.3所示。

John McCarthy (1927-2011)　Allen Newell (1927-1992)　Herbert Simon (1916-2001)　Edward Feigenbaum (1936-)

图 7.3 符号主义代表人物

符号主义的优势在于与人类的逻辑推理相似，易于理解。其不足之处是难以构造完备的知识规则库。符号主义代表性产品如表7.1所示。

表 7.1 符号主义代表性产品

产品	说 明	应 用
专家系统	专家系统通过模拟人类专家的推理过程，利用大量的规则和符号表示知识，并能够进行逻辑推理和问题求解	医疗诊断、金融分析、法律咨询等
知识库	通过创建符号化的知识库，将人类的知识和经验进行编码和存储，以便计算机能够理解和运用	推理、决策、学习等

2. 基于大数据和统计学习的联结主义

联结主义亦称为神经网络学派。其核心观点是智能活动依靠神经网络及神经网络间的连接机制和学习算法，即智能＝神经元之间相互关联。所谓神经网络，是指由大量神经元相互连接而成的复杂网络，它能够模拟人脑神经元之间的信息传递和处理过程。联结主义代表人物如图7.4所示。

Warren S. McCulloch (1898-1969)　Walter H. Pitts (1923-1969)　Marvin Minsky (1927-2016)

图 7.4 联结主义代表人物

联结主义的优势在于分析大数据的规律,形成统计学习模型。其不足之处是依赖数据的质量和丰富性,复杂的模型(如深度神经网络)缺乏解释性。联结主义代表性产品如表7.2所示。

表7.2　联结主义代表性产品

产品	说明	应用
深度学习框架	深度学习框架定义神经网络的结构,通过反向传播等算法调整网络参数,以实现各种复杂的任务,如图像识别、语音识别、自然语言处理等	TensorFlow、PyTorch 等
图像识别系统	基于深度学习自动识别和分类图像中的物体、场景或人脸等	安防监控、自动驾驶、医疗影像分析等
语音识别助手	能够理解和回应人类的语音指令,实现语音转文字、查询信息、控制设备等功能。这些语音助手背后的技术就包括了联结主义的深度学习算法	苹果公司的 Siri、谷歌公司的 Google Assistant 等
推荐系统	基于深度学习的推荐系统通过分析大量用户数据,根据用户的历史行为和偏好提供个性化的推荐	电商网站、视频流媒体服务等

3. 在目标环境中利用问题引导的行为主义

行为主义认为智能取决于感知和行动,提出了智能行为的"感知—动作"模式,主张人工智能可以像人类智能一样通过进化、学习来逐渐提高和增强其性能,利用机器对环境作用后的响应或反馈实现智能化,即智能=感知+行为+进化。

行为主义的优势在于从经验中进行能力的持续提升和演化。其不足之处是需要更好地优化策略,以实现对模型空间的精确搜索。行为主义代表性产品如表7.3所示。

表7.3　行为主义代表性产品

产品	说明	应用
自主导航机器人	自主导航机器人的核心在于其感知—动作控制系统,通过感知环境信息,如是否存在障碍物和确定目标位置,自主规划行动路径并执行导航任务	仓库物流、家庭服务、医疗护理等
无人机控制系统	无人机通过搭载各种传感器和摄像头,能够实时感知周围环境,并根据任务需求进行飞行控制和目标追踪	航拍、农业植保、灾害救援等

4. 三大学派对比分析

三大学派本质上是人工智能技术路线之争。其中,符号主义和行为主义学派走的是功能路线,联结主义学派走的是结构路线。三者之间的对比分析如表7.4所示。

表7.4　三大学派对比分析

学派	知识表达	黑箱	特征学习	可解释性	是否大样本	计算复杂性	组合爆炸	环境互动	过拟合问题
符号主义	强	否	无	强	否	高	多	否	无
联结主义	弱	是	有	弱	是	高	少	否	有
行为主义	强	否	无	强	否	一般	一般	是	无

7.2　人工智能的伦理挑战

7.2.1　人工智能伦理的内涵

人工智能研究的目的是为了造福整个人类社会，但依据现有的人工智能技术逻辑，如图 7.5 所示，个人会受到算法模型的影响而影响现实世界。因此，人工智能发展在改变人类社会的同时，也带来新的挑战。

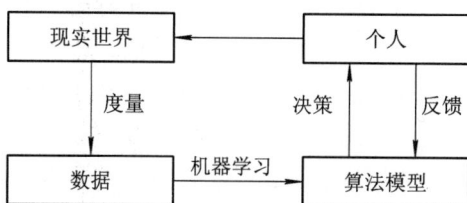

图 7.5　人工智能的技术逻辑

国家人工智能标准化总体组、全国信标委人工智能分委会于 2023 年 3 月发布了《人工智能伦理治理标准化指南》。在该指南中，将人工智能伦理概念的内涵总结为三个方面：

(1) 人类在开发和使用人工智能相关技术、产品及系统时的道德准则及行为规范。

(2) 人工智能体本身所具有的符合伦理准则的道德准则或价值嵌入方法。

(3) 人工智能体通过自我学习推理而形成的伦理规范。

从上述对人工智能伦理的阐述中可以看出，人工智能伦理是开展人工智能研究、设计、开发、服务和使用等科技活动需要遵循的价值理念和行为规范。人工智能伦理关注技术的"真"与"善"，旨在实现以下目标：

(1) 安全可控。AI 产品的最高原则是确保安全可控，这意味着 AI 技术的发展和应用需要在可控的范围内进行，且在人工智能研发应用各环节中应当强化人类责任担当，以避免潜在的安全风险。

(2) 促进平等。AI 的创新愿景是促进人类更加平等地获得技术能力，强调技术应致力于提升社会整体的福祉，而非加剧社会不平等。

(3) 增进人类福祉。将伦理道德融入 AI 的全生命周期，确保其符合伦理道德标准，尊重生命权利，服务于人类社会的长远发展和福祉。

7.2.2　人工智能伦理问题

2005 年，雷·库兹韦尔(Ray Kurzweil)在《奇点临近：当人类超越生物学》中预言 2045 年人工智能将完全超越人类智能，即人类与机器融合的新物种将会取代现在的生物人，奇点来临时，人类历史将被彻底改变。尽管这种预言还停留在书本中，但是在如今人工智能快速发展的时代，人工智能逐渐模糊了"人"与"物"的界限，从替代人类的体力劳动，如搬运货物，转向替代脑力劳动，如计算、设计、编程等，人类的主体性地位受到挑战。

1. 人工智能技术的滥用

人工智能技术滥用是指利用人工智能技术实施不道德、不合法或对人类有潜在危害的行为，这些行为违反了公共道德甚至法律法规。人工智能技术滥用包括但不限于算法偏见与歧视、侵害隐私权等基本权利、深度伪造技术等。

(1) 算法偏见与歧视。人类社会存在的偏见与歧视将大概率被复制到人工智能算法中，使得这些算法可能具有偏见的属性，从而对某些特定社会群体产生歧视，进而引发社会公平性问题。例如，微软公司(Microsoft)的 AI 聊天机器人 Tay.ai 被迫下架，这是因为 Tay.ai 在推特(Twitter)上发布不到 1 天，就变成了一个种族主义和性别歧视者。

(2) 侵害隐私权等基本权利。隐私权是指公民享有的私人生活和私人信息受到法律保护，不被他人非法侵扰、知悉、搜集、利用、公开等的一种人格权。隐私权是一种独立的人格权，是人享有自主、自由权利的前提。人的生存的基本权利保障了人的尊严和人身自由，而侵犯他人隐私就是侵犯他人的基本生存权利。在智能时代到来之前，隐私权侵权主体主要是个人和组织，采集的数据量和数据使用范围非常有限，侵权客体主要是权利人的联系方式、身份证号等常规信息。而在智能时代，用户数据的拥有者、分析者和使用者都有可能成为隐私权侵权的主体。隐私权侵权客体也已经从"常规信息"扩展到生物信息以及看似与人们的隐私毫无关系的"碎片信息"。尽管"碎片信息"本身不具有价值，但利用人工智能技术分析大量的"碎片信息"，能够描绘出个人完整的"画像"。例如，网上购物平台可以通过消费者的消费记录分析出消费者的性别、年龄、工作类型以及购物喜好等信息，以此达到精准营销的目的。与此同时，人工智能技术的发展促进了智能终端的普及和智能平台的大量出现，这使得个人信息获取来源和传播范围更加广泛。智能时代呈现出侵权主体多元化和侵权客体扩展化的特征，侵权方式和手段的隐蔽化，造成了侵权后果的严重化和侵权追责的困难化。

例如，2019 年 4 月 11 日，彭博新闻社报道称亚马逊公司生产的智能音箱"Echo"在用户不知情的情况下录制了用户的日常对话，并且亚马逊公司在全球雇用了上千名员工收听并分析这些录音，员工每日工作 9 小时，每人每日至少分析 1000 条录音。随后亚马逊公司表示该做法是为了改进语音助手的语言理解能力与改善用户体验，不会获取除该目的之外的用户信息，如用户的姓名。但在此前，该智能音箱也出现过将音箱用户的对话进行录音并发送给其他用户的泄露隐私事件。

(3) 深度伪造技术。深度伪造技术利用深度学习的算法模型，综合运用视频合成、人脸识别等技术，使得篡改或生成高度逼真且难以甄别的音、视频内容成为可能，这可能导致公民的名誉、荣誉、隐私权等人格权利和财产权受到侵害。同时，深度伪造技术可能用于伪造证据、敲诈勒索等违法犯罪行为，会严重危害人民群众的财产安全。深度伪造技术最常见的是 AI 换脸，此外还包括语音模拟、人脸合成、视频生成等。

2. 经济社会发展的安全问题

人工智能技术的发展不断驱动着传统经济的技术优化和转型升级，实现了传统制造业、农业、服务业等的智能化升级改造。例如，用于播种、喷洒农药的无人机以及大规模自动收割机替代了农业劳动力。与此同时，具有超强学习能力的智能机器的应用场景已经从传统的重复性、机械性工作拓展到人类的艺术创作领域。例如，2016 年 5 月，日本政府决定立法保护人工智能作品知识产权。2017 年 5 月，微软公司(Microsoft)机器人"小冰"的第一部原创诗集《阳光失去了玻璃窗》一经问世就广受好评。西班牙马拉加大学的超级计算机组群伊阿姆斯(lamus)能够独立作曲，其作品已被伦敦交响乐团录制并公演。2020 年东京奥运会期间，我国媒体运用人工智能软件以两分钟以内的出稿速度，编写了公布比赛结果的新闻稿，其出稿速度胜过绝大多数记者和编辑。

根据麦肯锡咨询公司的预测，随着人工智能等技术的进步，到 2030 年，多达 3.75 亿名劳动者可能面临再就业。人员失业意味着巨大的人力资本损失，将加剧一些国家结构性失业的难题。人工智能凭借高精确度、成本优势和数据处理能力极大地提升了劳动效率，其所能替代的领域越来越多，人工智能的这种"精准替代"和"深度替代"能力给就业结构带来深层次变化，引发结构性失业现象，社会贫富差距扩大，加剧了社会不平等，影响了社会的稳定。

同时，算法黑箱与不可解释性问题造成算法的先天不足，从而引发针对 AI 算法的投毒攻击、逆向攻击、后门攻击、对抗样本攻击、成员推理攻击、逃逸攻击等攻击威胁，这些攻击一旦被黑客利用，势必引起诸多社会问题。

■ 案例

萝 卜 快 跑

萝卜快跑是百度旗下的自动驾驶出行服务平台。2024 年 3 月 7 日，萝卜快跑宣布今年将会在武汉地区实施"全覆盖"计划，并计划在武汉投入 1000 辆新一代无人车，实现 7×24 小时全无人商业化运营。

随着自动驾驶技术的持续精进，萝卜快跑极大地减少了对人工干预的依赖，运营更为高效，有效降低了与直接营运相关的各项成本。截至 2024 年第一季度，萝卜快跑在全国范围内累计已向公众提供乘车服务 600 万次，其中武汉地区的全无人驾驶订单比例已超 55%，让不少市民体验到了科技带来的便利。

然而，这项技术的进步引发了传统出租车司机的抵制，他们担心自己的生计将受到毁灭性的打击。在萝卜快跑投放密集的区域，巡游出租车接客难度显著增加，营业额下降，面临被迫退出出租车行业的困境。

此外，萝卜快跑会出现在绿灯状态下停滞不前、红灯时冲入路口中央、转弯时卡顿不动等情况，并引发交通拥堵现象，对市民出行造成干扰。

3. 人工智能技术过错的问责问题

在人工智能技术越来越广泛应用的过程中，人们很难对人工智能的道德地位做出明确的规范性判断，即人工智能技术的道德地位缺乏一致性和稳定性，难以确定它们在人与人、人与自然以及人与社会等伦理关系中应该扮演什么样的角色和具体承担什么样的责任。

以自动驾驶系统为例，2018 年 3 月 18 日美国亚利桑那州时间晚 10 点左右，伊莱恩·赫茨伯格(Elaine Herzberg)在亚利桑那州坦佩市骑车横穿马路时，被一辆自动驾驶汽车撞倒而不幸身亡。虽然车上有安全驾驶员，但当时汽车完全由自动驾驶系统(人工智能)控制。这个案例引出了一系列问题，即谁应该为赫茨伯格的死负责？是坐在驾驶位上的安全驾驶员，还是测试自动驾驶的公司，还是该 AI 系统的设计者，还是车载感应设备的制造商？开发该系统的程序员在防止该系统夺人性命方面负有怎样的道德责任？

假设你坐在一辆自动驾驶汽车上读报纸，两个孩子突然冲进了你前面的路上。汽车将决定撞上这两个孩子，还是跟对面车道上的车迎面相撞，还是撞上另一辆停着的车？人工智能系统有几毫秒来决定采取哪种行动，而所有这些行动，都有可能导致人受伤或丧命。在现实社会，人类驾驶员当遇到某些特殊情况时会有闯红灯、超速等违反交通法规的行为，那么自动驾驶车辆是否可以违反交通法规呢？如果可以，违反到多大程度在可准许范围内呢？人类是否可以让人类驾驶员在特殊情况下临时收回汽车控制权呢？因此，人工智能系统同样也面临"有轨电车难题"。

4. 环境问题

人工智能的广泛应用通常需要部署大量的硬件终端设备，包括芯片、传感器、存储设备等，这些硬件的生产将消耗大量的自然资源，尤其是一些稀有元素。这些硬件在生命周期结束时，通常会被丢弃，这可能会造成严重的环境污染。此外，人工智能系统通常需要相当大的算力，这也伴随着高能耗。人工智能的发展应该遵循可持续发展的原则，即人工智能技术在满足人类发展目标的同时，应确保自然生态系统的健康，以持续提供经济和社会所依赖的自然资源。

7.2.3　人工智能伦理问题的成因

当前，人工智能尚处于不断探索中，人类所掌握知识的不完备、对新技术系统认识不清以及对其危害难以准确预测等情况的存在，使基于人工智能技术的研发应用带给人类一些负面影响，从而使得"技术让生活更美好"的愿景大打折扣。本书从数据、算法和应用三个层面分析人工智能伦理问题的成因。

1. 数据层面

人工智能技术在人机交互过程中获取并分析人类的回应行为，不断反馈并进行自我强化学习，实现准确性的提高。人工智能技术在数据采集、标注中，如果数据来源掺杂了某些主观偏见或某些文化背景下的价值观，那么基于这些数据训练出的模型就会继承偏见或价值观，并向特定的群体传播。此外，如果数据本身缺乏完整性，质量不高，或者使用者出现数据投毒、提供恶意样本，或提供的回复本身存有偏见、歧视等个人价值观因素等行为，则数据不再具备可靠性，很容易生成有害输出，甚至可能会成为别有用心者散布有害信息的工具，用以传播不当言论，制造人身攻击和暴力冲突等。例如，亚马逊对以往 10 年的简历中的 5 万个关键词进行识别和标识排序，但由于简历大部分为男性的，导致训练出的 AI 算法存在重男轻女歧视。

■ **案例**

精 准 营 销

在大数据技术的支撑下，网络精准营销成为可能，即网络经营者通过收集并处理用户网络行为所产生的数据，将其绘制成数据化的人格图像，并以此为依据进行精准的广告投放，从而获得更高的营销收益比，这被称为"大数据红利"。

淘宝购物是一种基于搜索的系统，系统需要用户主动发起搜索才能寻找到心仪的"宝贝"，但淘宝平台的卖家和商品多达数千万，对于消费者来说每一次搜索和挑选都要花费较高的时间成本。淘宝的"千人千面"旨在缩短用户的购物链路，实现卖家的精准营销，达到提高客单转化的目的。所谓"千人千面"，是指一种以个人信息为基础的用户画像，它能够根据不同用户的喜好，推送给用户他最想看的信息。

淘宝早在 2014 年开始就向淘宝卖家宣传并鼓励使用"千人千面"，但淘宝当时所谓的"千人千面"仅为卖家店铺的展示工具，比如，某家店铺的老客户和新客户在进入首页的时候看到的是不同的页面，新客户看到的是价格比较低、成交率高的产品，老客户看到的是价格比较高、品质更好的产品，这样可以尽可能运用不同的产品和营销方式触及不同的消费者。随着大数据的兴起，淘宝"千人千面"发生了质的变化。

淘宝"千人千面"把每一次的用户浏览、点击、互动行为进行了记录，一段时间后(一般以 7 天为一个周期)，单个消费者的画像会逐渐清晰，如用户搜索了宠物用品、儿童玩具、美妆用品后，结合用户的基本信息，淘宝后台可能会把该用户定义为一个居住在北京，家有宠物、有儿童的女性，并给用户打上"标签"，如"有宠物""女性""有孩子""北京地区"等。通过大数据把消费者的淘宝 ID 和人群标签进行匹配是实现"千人千面"的第一步。然后，淘宝会根据标签把人群进行分类，制作出人群包，每个人群包包含 2.5万名以上具有相同标签的人，之后淘宝会把这些人群包推送给后台和商家，不同的商家选择对应的人群包进行广告投放，最终实现"千人千面"。

在当前的数据驱动时代，数据集规模呈指数级扩大。然而，这同时也加剧了个人信息泄露的风险，使得保护个人隐私和识别个人敏感信息的重要性日益突出。人工智能的发展离不开大规模数据的支持，但也带来了数据盗用、信息泄漏等伦理风险。在人工智能系统的开发过程中，数据集的代表性、规模以及均衡性等设计问题，可能会影响数据集的公平性，进而关系到算法的公平性。同时，数据标注过程中的数据泄露等数据预处理安全问题，也会对个人信息保护造成威胁。此外，缺乏对数据层面的可追溯技术，也会增加人工智能系统在责任认定以及问责风险方面的压力。

2. 算法层面

算法是现代人工智能技术发展的基础性技术之一，是一种有效的计算方法。其核心是提供解决问题的方案和步骤，通过计算机的支持，处理各种类型的输入信息，并输出一个解决方案。

算法黑箱是指算法在进行决策时缺乏可解释性和透明性，使得用户难以理解算法的决策过程，可以泛指由输入得到输出，却不了解其内部运行机制的一切系统。在人工智能技术算法中，由于深度学习等技术的应用，系统的内部运行机制变得更加复杂，当分析的数据与情境变得愈加庞大和复杂时，"黑箱"问题也愈发突出。

算法黑箱在人工智能算法中体现为三种形式：

(1) 存在因模型参数泄露或被恶意修改、容错率与韧性不足造成的算法安全风险；

(2) 因采用复杂神经网络的算法导致决策不透明与无法被充分解释，同时由于对数据的输入和输出关系理解不清晰，可能造成可解释性安全风险；

(3) 因算法推理结果的不可预见性与人类自身的认知能力有限等原因，导致无法预测智能系统做出决策的原因与产生的效果，造成算法决策偏见。

人工智能算法的复杂性、不可解释性、样本选择的偏向性以及技术人员自身认知的主观性等原因致使人工智能算法的非理性特征难以管控，从而导致科技伦理失范和社会道德价值失衡，社会公平正义受到挑战，严重影响社会的和谐稳定。

■ 案例

困在算法中的骑手们

2019 年 10 月的某一天，一名饿了么骑手看到他的一则订单显示：2 公里 30 分钟内送达。而此前，相同距离最短的配送时间是 32 分钟，但从那一天起，这短短的两分钟消失了。同样，美团骑手也经历过时间失踪事件，一位在重庆专跑远距离外卖的美团骑手发现相同距离内的订单配送时间从 50 分钟缩短为 35 分钟。据统计，2019 年中国全行业外卖订单单均配送时长比 3 年前减少了 10 分钟，外卖系统接连不断地吞掉骑手的配送时间。

在外卖系统的设置中，配送时间是衡量配送质量的一项最重要的指标，骑手一旦发生超时，便意味着差评、收入降低，甚至被淘汰。在 2019 年的 ArchSummit 全球架构师峰会上，美团配送技术团队资深算法专家展示了美团的即时配送智能系统。该系统从顾客下单的那一秒起，就开始根据骑手的顺路性、位置、方向、天气、地理状况等因素，在正确的时间将订单分配给最适合的骑手，实现订单和骑手的动态最优匹配。订单通常以 3 联单或 5 联单的形式派出，一个订单有取餐和送餐两个任务点，如果一位骑手背负 5 个订单、10 个任务点，系统可在 11 万条路线规划中完成万单对万人的秒级求解，规划出最优配送方案。

美团即时配送智能系统充分体现了人工智能算法的深度学习能力，而对于实践人工智能技术进步的外卖员而言，却可能是疯狂且要命的，因为系统规划的路径算法是基于直线距离预测配送时间长短，从而有效压缩配送成本。然而，现实的复杂性远远超过人工智能的预估能力。实际配送会遭遇绕路、等红绿灯、走过街天桥、逆行、等电梯、商家出餐慢等各种情况。因此，有骑手认为："送外卖就是与死神赛跑，和交警较劲，和红灯做朋友。"

困在算法中的骑手们永远无法靠个人力量去对抗系统分配的时间，他们只能用挑战交通规则的举动挽回超时等情形，这是骑手们长期在系统算法的控制与规训之下所做出的不得已的劳动实践，而这种劳动实践的直接后果则是骑手们遭遇交通事故的风险急剧上升。2019 年 5 月，江西一名外卖骑手因着急送外卖而撞上路人。一个月后，一名成都骑手闯红灯时发生交通事故。河南许昌一名外卖骑手在机动车道上逆行，被飞驰而来的汽车撞飞，造成全身多处骨折……对于骑手们而言，摔车已司空见惯，只要能避免超时与差评，人摔成什么样都不是大事儿。

在美团即时配送智能系统的评价体系下，所有外送平台都在追逐利益最大化，它们把风险转嫁到最没有议价能力的骑手身上，每一个骑手都要在安全和收入之间做出衡量与选择。

3. 应用层面

人工智能技术所带来的颠覆性变革不再局限于某一领域，而是全领域、全技术要素的突破与跨越。这使得单一系统的"安全边界"消失，一旦这些系统发生错误，就会被传导和放大，给人类带来巨大的威胁和冲击。

1) 人工智能技术的工具属性和价值属性失衡

人工智能技术的工具属性是指人工智能技术作为一种工具或者手段来使用，能够为人类提供服务和帮助，例如自动驾驶、语音识别等。人工智能技术的价值属性是指人工智能技术在价值层面上的作用和影响，例如道德、社会、政治等方面的价值。马克思主义科技伦理思想强调科学主义和人本主义的结合，是一种辩证的科技观，即技术的工具属性和价值属性的兼顾与平衡。然而，在实际应用中，人们普遍享受技术带来的便利，人工智能技术的工具属性往往被过度强调，人们对技术带来的负面影响已逐渐失去敏感性。这种失衡观念加剧了人工智能技术带来的负面影响，使技术逐渐转向功利主义，成为满足人类欲望的一种工具，从而给人类的生存和生活带来危害。

2) 利益相关者的伦理责任缺失

在人工智能技术商业化的今天，伦理问题的产生不乏因利益相关者伦理责任的缺失所致。这种缺失导致技术管理上的缺位，相关负责人员缺乏主动担当和道德判断，加之透明度和问责制度的缺乏，这不仅可能导致个人或组织的利益受损，也可能对整个社会造成不良影响。例如，社交媒体利用人工智能技术有针对性地向用户投放游戏、虚假交友网站的广告，从中获取巨大利益等。

3) 相关伦理规范和法律法规制度不完善

现阶段，人类还无法解释人工智能技术是如何思考的，因此，如何正确利用人工智能不仅需要伦理道德的"软规范"，还需要法律法规的"硬制约"。就现阶段而言，尽管世界各国都高度重视，但人工智能的相关伦理规范，特别是相关法律法规仍不够健全。例如，无人驾驶汽车在发生事故后责任如何划分，共享单车在骑行过程中突然关锁确定为谁的责任等，现有法律法规都没有给出具体的规定。

7.3　人工智能伦理原则及治理机制

7.3.1　人工智能伦理原则

在世界新一轮科技革命和产业变革的大背景下，人工智能的快速发展正在改变人类社会。因此，在大力发展人工智能的同时，必须高度重视可能由此引发的伦理挑战，加强前瞻预防与约束引导，确保人工智能安全、可靠、可控地发展。

1. 以人为本原则

在人工智能的设计、研发、应用全生命周期中必须坚持人类的主体地位，始终把人的需求作为一切工作的出发点与落脚点。在社会层面，人工智能技术应遵循人类共同价值观，以创造良好的社会环境、提升经济效益、推动社会进步同时满足人们精神需求。在个体层面，人工智能应促进或者补充人类能力，如提升人类快速获取信息的能力，协助人类准确地处理与评估信息，做出正确、合理的决策等。针对弱势群体，人工智能除考虑成本效益外，还应关注公平问题。

2. 尊重原则

人类研发和使用的各种工具，包括人工智能产品，都应服务于人，以维护人的尊严与基本权利为出发点，避免人类价值被机器价值屏蔽。例如，单个主体的隐私应当被保护，尊重隐私就是尊重人格的尊严。尊重隐私有利于增进主体的安全感。隐私的核心是安全感，安全感具有其内在价值。增进每个人的安全感有利于增进社会利益之和，虽然安全感不等于幸福感，但是失去安全感可能会消减主体的幸福感。保护主体的隐私有利于增进社会利益之和，是善的，是道德的。

人工智能不得使人类受到欺诈、胁迫或者控制，要提供充分的信息与知识，做出合理回答；要使用户保持相对的独立性，不对人工智能系统产生过度依赖；要公正平等对待所有人，避免歧视等。

3. 责任原则

责任原则指基于人工智能做出的决定与行动，即使不能完全明晰导致损害的因果关系，也应秉持"得利之人需要承担相应不利后果"的原则，其伦理责任和义务最终应由人工智能的研发者、提供者和使用者等来承担。此外，还应建立监督、审计和调查机制实施问责，做到可追溯、可追责，进而保障人工智能应用的公平合理性。例如，ChatGPT 所依据的数据和算法都是由人主导，故设计、控制和应用 ChatGPT 的相关人员应是伦理问题的责任人。对于在 ChatGPT 应用过程中人为干扰产生的伦理问题，应将责任归咎于攻击者，但不排除提供者也有责任。

4. 透明度原则

透明度原则要求人工智能的设计应保证人类能够了解自主决策系统的工作原理，从而预测其输出结果，即人类应当知道人工智能如何以及为何做出决定。透明度原则的实现有赖于人工智能算法的可解释性(explicability)、可验证性(verifiability)和可预测性(predictability)。同时，数据来源也应遵循透明度原则，即便是在处理没有问题的数据集时，也有可能数据中隐含某种倾向或者偏见。此外，透明度原则还要求开发人工智能技术时注意多个人工智能系统之间的相互协作时可能产生的危害。

7.3.2 人工智能伦理治理机制

霍金曾预言，创造人工智能可能是人类文明史上最伟大的事件，但如果不能学会规避风险，也可能使人类陷入绝境。面对人工智能的诸多潜在伦理风险，应对的关键在于多元化综合施策。

1. 完善相关伦理规范和法律法规

新生事物的发展常常会遭遇立法和伦理的滞后，尽管技术的不断创新发展是防范新生事物各类风险最直接有效的手段，但伦理规范和法律法规仍然是社会风险治理的重要手段。

例如，中国不断整合人工智能行业的法律规范，以约束和规范人工智能的安全运用，相继出台了各种规范。国务院于 2017 年 7 月 20 日发布《国务院关于印发新一代人工智能发展规划的通知》，并出台《"互联网+"人工智能三年行动实施方案》。2018 年 1 月，中国电子技术标准化研究院发布《人工智能标准化白皮书(2018 版)》，提出了人类利益原则和责任原则作为人工智能伦理的两大基本原则。

2019 年 6 月 17 日，国家新一代人工智能治理专业委员会发布《新一代人工智能治理原则——发展负责任的人工智能》，提出了人工智能治理的框架和行动指南，提出和谐友好、公平公正、包容共享、尊重隐私、安全可控、共担责任、开放协作、敏捷治理等八条原则。

2020 年 7 月 27 日，国家标准化管理委员会等五部门印发《国家新一代人工智能标准体系建设指南》指出充分发挥基础共性伦理、安全、隐私在人工智能发展中的引领作用，规范人工智能服务冲击传统道德伦理和法律秩序而产生的要求，重点研究医疗、交通、应急救援等特殊行业的人工智能、伦理问题。

2021 年 1 月，全国信息安全标准化技术委员会正式发布《网络安全标准实践指南——人工智能伦理安全风险防范指引》，为我国人工智能伦理安全标准体系化建设奠定了重要基础。2021 年 9 月 25 日，国家新一代人工智能治理专委会发布《新一代人工智能伦理规范》。该规范旨在将伦理道德融入人工智能生命周期，为从事人工智能相关活动的自然人、法人和其他相关机构提供伦理指引。该规范提出了增进人类福祉、促进公平公正、保护隐私安全、确保可控可信、强化责任担当、提升伦理素养等六项基本伦理要求，并指出在提供人工智能产品和服务时，应充分尊重和帮助弱势群体、特殊群体，并根据需要提供相应替代方案。同时要保障人类拥有充分自主决策权，确保人工智能始终处于人类控制之下。

2022 年 11 月 16 日，在瑞士日内瓦举行的联合国《特定常规武器公约》2022 年缔约国大会上，我国裁军大使向大会提交了《中国关于加强人工智能伦理治理的立场文件》，该文件表明了中国始终致力于在人工智能领域构建人类命运共同体，积极倡导"以人为本"和"智能向善"理念，主张增进各国对人工智能伦理问题的理解，确保人工智能安全、可靠、可控，更好赋能全球可持续发展，增进全人类共同福祉。为实现这一目标，中国呼吁各方秉持共商共建共享理念，推动国际人工智能伦理治理，并就人工智能生命周期监管、研发及使用等一系列问题提出以下主张：

(1) 人工智能治理应坚持伦理先行，通过制度建设、风险管控、协同共治等推进人工智能伦理监管。

(2) 应加强自我约束，提高人工智能研发过程中算法安全与数据质量，减少偏见歧视。

(3) 应提倡负责任使用人工智能，避免误用、滥用及恶用，加强公众宣传教育。

(4) 应鼓励国际合作，在充分尊重各国人工智能治理原则和实践的前提下，推动形成具有广泛共识的国际人工智能治理框架和标准规范。

2022 年 3 月 20 日，中共中央办公厅、国务院办公厅印发《关于加强科技伦理治理的意见》，这是首个国家层面的科技伦理治理指导性文件，意味着科技伦理的顶层设计和治理体系日趋完善。该意见提出"伦理先行、依法依规、敏捷治理、立足国情、开放合作"的科技伦理治理基本要求，成为了人工智能伦理治理的基本遵循。2022 年 4 月，中国信息通信研究院发布《人工智能白皮书》指出，人工智能下一步的发展方向，将由技术创新、工程实践、可信安全"三维"坐标来定义和牵引，人工智能治理实质化进程加速推进，从初期构建以"软法"为导向的社会规范体系，开始迈向以"硬法"为保障的风险防控体系，特别聚集于自动驾驶、智慧医疗和人脸识别等领域。

2023年3月，国家人工智能标准化总体组、全国信标委人工智能分委会发布《人工智能伦理治理标准化指南》，其中明确提出围绕以人为本、可持续性、合作、隐私、公平、共享、外部安全、内部安全、透明、可问责这十方面的人工智能伦理准则。

2023年7月10日，我国颁布全世界第一部规范生成式人工智能的行政法规——《生成式人工智能服务管理暂行办法》。该办法明确规定提供和使用生成式人工智能服务，应当遵守法律、行政法规，尊重社会公德和伦理道德，遵守以下规定：

(1) 坚持社会主义核心价值观，不得生成煽动颠覆国家政权、推翻社会主义制度，危害国家安全和利益、损害国家形象，煽动分裂国家、破坏国家统一和社会稳定，宣扬恐怖主义、极端主义，宣扬民族仇恨、民族歧视，暴力、淫秽色情，以及虚假有害信息等法律、行政法规禁止的内容。

(2) 在算法设计、训练数据选择、模型生成和优化、提供服务等过程中，采取有效措施防止产生民族、信仰、国别、地域、性别、年龄、职业、健康等歧视。

(3) 尊重知识产权、商业道德，保守商业秘密，不得利用算法、数据、平台等优势，实施垄断和不正当竞争行为。

(4) 尊重他人合法权益，不得危害他人身心健康，不得侵害他人肖像权、名誉权、荣誉权、隐私权和个人信息权益。

(5) 基于服务类型特点，采取有效措施，提升生成式人工智能服务的透明度，提高生成内容的准确性和可靠性。

2023年10月9日，《科技伦理审查办法(试行)》颁布，明确规定涉及数据和算法的科技活动、数据的收集、存储、加工、使用等处理活动以及研究开发数据新技术等应符合国家数据安全和个人信息保护等有关规定，算法、模型和系统的设计、实现、应用等遵守公平、公正、透明、可靠、可控等原则。

这些规范和文件的出台表明了中国政府治理人工智能风险的坚定决心和充足信心，积极倡导"善治"与"善智"，协同建构人机交互的新型伦理关系。

2. 成立伦理委员会，加强对人工智能科技的监管与调控

人工智能成为社会的基础设施的重要组成部分已是大势所趋，但人工智能是否构成危害是一个需要长期探索的问题。建立由政府、计算机和认知科学家等各领域专家组成的伦理委员会，研究与监管人工智能的伦理问题，能够从技术层面上确保人工智能技术的安全性、可控性与人性化，避免人工智能技术被滥用，保障社会、环境以及人类后代不会因为此项科技遭受危险，为人类营造一个绿色的"新生态"。例如，谷歌设立了由产品开发、技术研究、法律事务、人力资源等部门的负责人组成的伦理审查委员会。

3. 保持公开透明，促进公平正义

人工智能系统的公正与透明主要体现为算法的公正与透明。所谓算法的公正与透明，是指系统的内在状态与决策过程对用户而言是可知的和可理解的。算法不会因为人们存在种族、性别、地域或宗教信仰的差异而歧视，每一个人都可以享有使用人工智能技术的权

利，享有平等的技术支持。此外，人工智能的决策过程在相当程度上是一种看不见的"黑箱"。要打开这个黑箱，首先，在一定程度上需要实现对深度学习过程的监控，解决深度学习的可解释性问题；其次，由于深度学习依赖于大量的训练数据，所以对于训练数据的来源、内容需要进行公开，保证训练数据的全面性、多样性；最后，人工智能系统得到的结果如果受到质疑，人类工作人员应及时介入，确保结果的公正。

4. 加强伦理设计，促进人机和谐共生

人工智能技术设计的最终目标是为了增进人类福祉。因此，人工智能设计的出发点应该以人为本，在人工智能设计中应当优先考虑伦理问题，将伦理嵌入人工智能技术之中，开发一种能够遵循人类伦理原则与道德规范的人工智能产品。例如，2006 年，美国电气与电子工程师协会将"合乎伦理设计"作为发展自主性人工智能技术的指导方针，其目的是造福全人类，充分体现了人机和谐共生的积极意义。

为了加强伦理设计，在数据方面，应当在数据收集、使用等环节中注重个人隐私保护，审慎处理个人敏感信息，并采取加密存储或更为严格的访问控制等安全保护措施；在算法层面，除了保持公开透明外，应尽可能地对算法的过程和特定的决策提供解释，这有助于维护算法消费者的知情权，避免和解决算法决策中出现的错误性和歧视性问题。

未来人类社会的繁荣发展建立在人与人、人与社会、人与自然以及人—机关系和谐稳定的基础上。人类汲取了生态伦理思想中人与自然关系和谐共处的理念，通过理解和体验"人工智能技术"产品设计理念和使用功能，来达到对人工智能技术的理解和包容，从而构建智能化发展趋势下的人—机社会，实现人—机关系和谐友好，降低人工智能技术对人类生存的威胁，消解人类对人工智能技术的恐慌。

5. 加强开放合作，共促技术向善

在现代社会中，任何国家都不可能单纯依靠自身力量来解决包括全球性科技伦理问题在内的所有科技创新难题。人工智能治理是全球共同面临的难题。因此，要对人工智能科技进行有效的管控，在国际层面上建立一种有约束力的制度对其加以控制，国际合作是必不可少的。这对于建立国际性的人工智能标准与伦理准则，保证人工智能的规范性与安全性，维护国家之间的公平正义，保护发展中国家的利益具有重要意义。

中国作为人工智能的研发大国，整体上处于世界人工智能领域的第一方阵。中国作为一个负责任的大国，积极承担着全球人工智能伦理治理的责任，坚持开放发展理念，主动搭建全球合作平台，建立多方协同合作机制，与世界各国一起应对人工智能伦理挑战，共同探索人工智能问题的解决之道，为人工智能治理积极贡献着中国智慧和中国方案。

6. 加强利益相关者伦理教育，提升道德责任感

人类是设计人工智能技术的主体，通过对利益相关者进行伦理教育，帮助他们树立正确的价值观和利益观，夯实道德责任，减少因伦理问题导致人工智能技术产生的危险因素。

7.4　本章小结

人工智能成为继第一次工业革命、第二次工业革命、第三次工业革命后的又一次科技

革命。人工智能是人类行为能力的延伸和补充载体，随着人工智能越来越"智慧"和"强大"，人工智能伦理将是未来智能社会的发展基石。本章首先介绍了人工智能的内涵、发展历史以及人工智能的学派；然后阐述了人工智能伦理的内涵以及人工智能伦理所面临的问题，从数据、算法以及应用三个层面分析造成人工智能伦理问题的因素；最后给出人工智能伦理治理原则以及治理机制。

7.5 案例分析题

(1) 在一些突发性危急时刻，无人驾驶汽车应当如何"作决定"？如汽车为了保护乘客而急刹车，但会造成后方车辆追尾；如汽车为了躲避儿童需要急转弯，但汽车急转弯又可能会撞到附近其他人。应当如何设计一个可以"在两个方案之间做决定"的无人驾驶汽车。

(2) 阅读"AlphaGo 的前世今生"案例，并进一步查阅相关资料，回答以下问题：

① AlphaGo 围棋对弈中所体现的智能特征有哪些？

② AlphaGo 会对人类职业带来哪些变革？

AlphaGo 的前世今生

棋艺博弈游戏始于远古，并伴随人类文明的演进不断丰富和发展，棋艺不仅能陶冶人的修养与性情，而且能开发人的心智潜能。在棋艺博弈游戏中，最能体现人类心智水平开发阶梯的是跳棋、国际象棋和围棋，其中尤以围棋最为复杂。

AlphaGo 是由 DeepMind 基于深度学习、蒙特卡洛树搜索(MCTS)以及大量围棋数据开发的 AI 围棋程序。2015 年，AlphaGo 第一个版本问世，初步展现了其出色的围棋技艺。同年 10 月，AlphaGo 与欧洲围棋冠军樊麾对局，以 5∶0 的成绩完胜。2016 年 3 月，AlphaGo 与世界围棋冠军李世石对局，最后以 4∶1 获胜。2017 年，DeepMind 公司发布了改进版的 AlphaGo Zero，AlphaGo Zero 不再依赖人类的围棋数据，而是采取自我对弈的方式从零开始学习，并显现出惊人的深度学习能力，棋艺在短短 40 天内超越了进行自我对弈之前的版本水平。同年，AlphaGo Master 与包括世界冠军柯洁在内的多名世界顶级围棋选手对弈，取得了 60 胜 0 负的战绩。2017 年底，DeepMind 公司宣布停止 AlphaGo 的研发。

AlphaGo 之所以停止研发，背后原因可能是它已经实现了预设的使命，即人工智能开发人脑的智力潜能究竟能够达到何种程度？具体地讲，第一，人工智能开发人脑的智力潜能能否达到人脑的水平？第二，如果能够达到，它能否超越人脑的智力潜能？第三，如果能够超越，这种超越有无限度和边界？第四，人工智能达到并超越人脑的智力潜能的研发需要多长时间才可实现？第五，人工智能能否突破人类专家的预设模式和数据参数实现自开发？也就是说，AlphaGo 获得了超越人脑智力潜能的实际能力，并展现出人工智能实现自我超越的无限可能性，即人工智能技术(AI)具有不依赖生物人类的本性和潜能，而且这种本性和潜能远远超过生物人类。这也意味着在当前阶段，人工智能技术如果不受限制地发展，会很快达到人类无法遏止的自由之境。

(3) 阅读"人工智能的 23 条军规"案例，并进一步查阅相关资料，回答以下问题：

① 你觉得人工智能的 23 条军规是否完善？

② 人工智能的 23 条军规是否足以应对未来的人工智能道德问题？

人工智能的 23 条军规

2017 年 1 月，在加利福尼亚州阿西洛马举行的 Beneficial AI 会议上，特斯拉 CEO 埃隆·马斯克、DeepMind 创始人戴米斯·哈萨比斯及近千名人工智能和机器人领域的专家联合签署了《阿西洛马人工智能 23 条原则》(Asilomar A. I. Principles)，并呼吁全世界在发展人工智能的同时严格遵守这些原则，确保拥有自主意识的机器保持安全，并以人类的最佳利益行事，共同保障人类未来的利益和安全。阿西洛马人工智能原则分为三大类二十三条。第一类为科研问题，共五条，包括研究目标、经费、政策、文化及竞争等；第二类为伦理道德，共十三条，包括人工智能开发中的安全、责任、价值观等；第三类为长期问题，共五条，旨在应对人工智能造成的灾难性风险。

《阿西洛马人工智能 23 原则》被认为是人类进入人工智能时代的重要宣言，是指导人类开发安全人工智能的重要指南，受到了人工智能行业的专业人士和关注人工智能发展的公共知识分子的广泛支持。

《阿西洛马人工智能 23 原则》的内容如下：

(1) 研究目标。人工智能研究的目标，应该是创造有益(于人类)而不是不受(人类)控制的智能。

(2) 研究经费。投资人工智能应该有部分经费用于研究如何确保有益地使用人工智能，包括计算机科学、经济学、法律、伦理道德和社会研究方面的棘手问题，比如：如何使未来的人工智能系统健康发展，使之符合我们的意愿，避免发生故障或遭到黑客入侵？如何通过自动化提升我们的繁荣程度，同时保护人类的资源，落实人类的目标？如何改进法制体系使其更公平和高效，从而跟上人工智能的发展速度，控制人工智能带来的风险？人工智能应该归属于什么样的价值体系？还应该具有怎样的法律和伦理地位？

(3) 科学与政策的联系。人工智能研究人员应该与政策制定者展开有建设性的良性交流。

(4) 研究文化。人工智能研究人员和开发者之间应该形成一种合作、互信、透明的文化。

(5) 避免竞争。人工智能系统开发团队应该主动合作，避免在安全标准上出现妥协。

(6) 安全性。人工智能系统应当在整个生命周期内确保安全性，还要针对这项技术的可行性及适用的领域进行验证。

(7) 故障透明度。如果人工智能系统引发破坏，那么造成破坏的原因要能被确定。

(8) 司法透明度。在司法判决中使用任何形式的自动化系统，都应该提供令人满意的司法解释，以被相关领域的专家接受。

(9) 责任。高级人工智能系统的设计者和建造者，是人工智能使用、误用和行为所产生的道德影响的参与者，他们有责任和机会去塑造那些道德影响。

(10) 价值观一致性。高度自动化的人工智能系统的设计，需要确保它们秉承的目标和采取的行动在运行过程中都符合人类的价值观。

(11) 人类价值观。人工智能系统应该被设计和运行以使其和人类的尊严、权利、自由及文化多样性的参与者，他们理想保持一致。

(12) 个人隐私。人类应该有权使用、管理和控制自己生成的数据，为人工智能系统赋予分析和使用数据的能力。

(13) 自由和隐私。人工智能在个人数据上的应用决不允许无理由地限制人类真实的或能感受到的自由。

(14) 共享利益。人工智能技术应当让尽可能多的人使用和获益。

(15) 共享繁荣。人工智能创造的经济繁荣应当被广泛地共享，为全人类造福。

(16) 人类控制。人类应当来选择如何和决定是否由人工智能系统制定决策，以便完成人类选择的目标。

(17) 非颠覆。通过控制高度先进的人工智能系统获得的权力，应当尊重和改进健康的社会所依赖的社会和公民秩序，而不是颠覆。

(18) 人工智能军备竞赛。应该避免在自动化致命武器上开展军备竞赛。

(19) 能力警告。我们应该避免对未来人工智能技术的能力上限做出强假定，但这一点目前还没有达成共识。

(20) 重要性。先进的人工智能代表了地球生命历史上的一次深远变革，应当以与之相称的认真态度和充足资源对其进行规划和管理。

(21) 风险。必须针对人工智能系统的风险尤其是灾难性风险和存在主义风险的预期影响制定相应的规划和缓解措施。

(22) 不断自我完善。对于能够通过自我完善或自我复制的方式，快速提升质量或增加数量的人工智能系统，必须辅以严格的安全和控制措施。

(23) 共同利益。超级人工智能只能服务于普世价值，应该考虑全人类的利益，而不是一个国家或一个组织的利益。

第 8 章

网络工程伦理

网络的普及给人类的工作、学习和生活带来了极大的方便,计算机网络技术的发展不仅对人类技术史的发展产生了不可磨灭的深远影响,而且也为人们的行为、思维乃至社会结构注入了许多新的内容和形式,极大地推动了社会的发展,但同时也对传统道德产生了巨大的冲击。网络伦理的建立对唤起网络体道德感、树立合理价值观、形成健康的网络秩序等方面发挥着重要的作用。

本章学习目标

(1) 了解网络的概念、特征以及典型的网络现象。
(2) 理解网络伦理的内涵、网络伦理困境及根源。
(3) 了解网络伦理的原则以及治理机制。

引例:北京暴雨的守望相助

2012 年 7 月 22 日凌晨,一场建国以来规模最大的强降雨挡住了机场成千上万的民众回家的路。几百位打着"双闪灯"的私家车主借助微博、微信、陌陌等网络工具,告知民众他们愿意免费去机场接送被困同胞。在此期间,不断有好心人在家里发出信息申请加入爱心车队。在大雨滂沱中,这支爱心车队通过网络工具默默集结、有序出发,义务承担起免费摆渡车的角色,将被困在机场的部分旅客送回家。在这场民间自救活动中,人们借助网络平台展现出善意之力,所激发的不只是民众的关注和受困者的感激,更有无数市民心底里的善意与爱心。

思考:
(1) 网络对人们的生活、工作产生了哪些影响?
(2) 人们面临哪些网络伦理挑战?

8.1 网络概述

8.1.1 网络的概念与特征

1. 网络的概念

1997 年,微软公司总裁比尔·盖茨在美国拉斯维加斯的全球计算机技术博览会上发表了著名的演说，在演说中强调"网络才是计算机"。计算机网络是指将分布在不同地理位置且具有独立功能的多台计算机通过通信设备和通信线路连接起来，在网络软件的管理和协调下，实现资源共享和数据通信的计算机系统。计算机网络如图 8.1 所示。

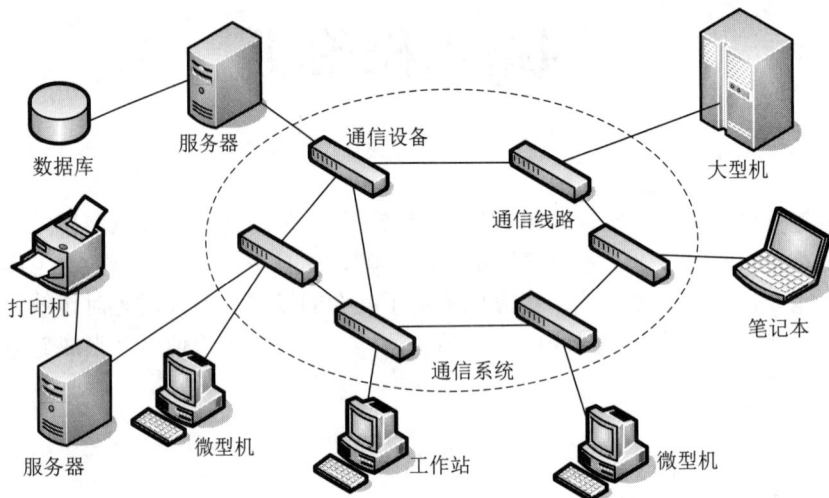

图 8.1　计算机网络

2. 网络的特征

网络具有如下特征：

1) 资源共享

计算机互连的目的是为了实现资源共享，这既可以解决资源匮乏的问题，又可以充分发挥现有资源的潜能，提高资源的利用率。例如，通过硬件资源的共享，减少硬件设备的重复购置；通过软件资源的共享，避免软件的重复开发和重复存储；通过数据的共享，提高信息的利用率和信息的使用价值。这些资源可以通过网络在任何时间、任何地点以任何形式进行访问。

2) 自治系统

连接到计算机网络中的每个设备都是自治系统，能够独立运行并提供服务。这不仅有利于将任务先分散到多台计算机上进行协同处理，再集中起来解决问题，也保证了用户的工作任务不会因网络中某一台计算机发生故障而受到影响。

3) 遵守统一的通信标准

计算机网络中的设备相互交换数据时必须遵守规定的规则，才能确保信息的使用安全。

8.1.2　典型网络现象

随着 Internet 的普及，数字化技术大量应用于人类的生产和生活之中，对整个社会的政治、经济和文化产生了巨大影响。

1. 恶意软件

恶意软件是介于病毒和正规软件之间的软件。恶意软件是指在未明确提示用户或未经用户许可的情况下，在用户计算机或其他终端上安装运行，侵犯用户合法权益的软件(被我国现有法律法规规定的计算机病毒除外)。恶意软件具有强制安装、难以卸载、浏览器挟持、广告弹出、恶意捆绑、恶意搜集用户信息等特点，它会给用户带来种种干扰。

2. 神秘的黑客

黑客(Hacker)一词源于英语动词 hack，意为"劈出""开辟"的意思。这个词被进一步引申为"干了一件非常漂亮的工作"。如今，黑客往往与盗窃个人信息、制造恶意程序、破坏系统安全相关联，这其实是对黑客的一种曲解。

第一代黑客是计算机迷。20 世纪 50 年代，黑客来自于美国麻省理工学院的计算机程序员。之所以选择"黑客"这个称呼，是因为这个词确切地描述了他们的行为：对计算机进行劈砍、切割、挥击、细切和雕刻。他们利用分时技术把主机变成了事实上的个人计算机，扩大了计算机的使用范围。那时作为一名黑客是件很荣耀的事。

第二代黑客是电脑革命的英雄。20 世纪 70 年代中期以前，IBM 集中大量的人力、物力、财力来开发大型机，占据了信息技术行业份额的 2/3。70 年代后期，个人计算机革命的风暴把个人电脑推向市场，其中，著名的黑客爱德华·罗伯茨创造了世界上第一台微电脑。正是这一代黑客，奠定了黑客文化的基础，形成了黑客所特有的行为方式和价值观念。

第三代黑客是电子侵略者。20 世纪 80 年代，一些黑客开始利用自己的技术窃取国家或公司机密。正如凯蒂·海夫纳和约翰·马可夫在《电脑朋客》一书中指出："黑客成了口令大盗和电子窃贼的代名词。公众对黑客的印象由此改变，黑客不再被视为无害的探索者，而是阴险恶毒的侵略者。"

第四代黑客是网络犯罪嫌疑人。20 世纪 90 年代，互联网使黑客拥有了更大的活动空间和更大的权力。在利益的驱动下，黑客利用自己高超的技术随意篡改文件，破坏计算机系统。例如，2003 年 2 月，美国一名电脑黑客攻破了一家负责代表商家处理 Visa 和万事达卡交易业务的企业计算机系统，掌握了 220 万个顾客的信用卡号。

由此可见，最初的"黑客"是指热衷于研究计算机技术，水平高超，具有创新和共享精神的计算机爱好者。如今所说的黑客称之为"骇客"。"骇客"是指具有破坏性的计算机使用者，他们未经授权侵入计算机网络系统，试图破解或破坏某个程序，破坏网络安全。黑客和骇客的区别在于：黑客们建设，而骇客们破坏。

3. 自媒体的兴起

随着网络移动终端的迅猛发展，人们对信息的需求已不满足于简单的被动接收，而是希望成为信息的提供者并开展互动交流，微博、抖音等应用软件应运而生，自媒体时代来临。自媒体的出现使得人们从被动接收网络内容转变成网络内容的缔造者，使人类由粗放的数字化生存过渡为精确的目录式生存，网络内容的传播不再是过去传统的"媒体—受众"这种单向模式，而是一种全新的"自媒体—传统媒体—社交网络"的内容传播形式。例如，微博的博客们通过博客日志(Blog 或 Weblog)将工作、生活和学习及时记录并发布，使更多的网民能够零距离、零壁垒地进行思想的交流和共享。然而博客开放、自由、流动、匿名的特点也给不良信息打开了"通道"。

4. 网络文化

网络文化依托高科技手段，以数字的形态出现，为人们进行跨国界、跨民族、多形态的文化交流开辟了广阔的前景。网络文化高度开放和双向互动的特点促使人们的思维力由单一式向多维、立体、非线形式转变，对文化价值观、信息观、时空观等产生了新的认知模式，体现了人机协同性，促进了群体思想及其行为规范的创新。人们可以在办公室或家中实现网络远程教育、网上购物、网上医疗、网上炒股、网上交友聊天、网上读书等一系列的活动，使传统的生活方式发生了深刻的变化。

例如，语言承载着文化的各种信息，也就是说，语言不仅是一种文化交流的工具，也是民族文化的载体，同时又是民族文化的一部分。互联网渗透到人们的日常生活、工作、学习和娱乐当中，催生了语言的新语体——网络语言。例如，菜鸟(网络新手)、飞鸟或老鸟(超级网虫，网络高手)、灌水(随意写，内容空洞无物，过长言之无物)等。网络语言的出现在于提高文字的输入速度，节约上网时间，掩饰因个人身份、年龄、性别和语言习惯产生的差别。

5. 网络犯罪

行为主体以计算机或计算机网络为犯罪工具或攻击对象，故意实施的危害计算机网络安全的、触犯有关法律规范的行为，称为计算机网络犯罪。例如，网络诈骗是指利用计算机网络技术，采用各种非法手段，如编制诈骗程序、发布虚假信息、篡改数据文件等，非法获取利益的犯罪行为。迄今为止，网络诈骗使网络世界的众多用户损失惨重，成为了计算机网络犯罪的一个突出方面。

8.2　网络伦理挑战

8.2.1　网络伦理的内涵

在虚拟的网络空间中，人们的交往以符号为媒介，呈现"虚拟性"和"数字化"的特点，现实世界的人以虚拟的"网络人"形式出现。这种"匿名性"使得人们之间的交往范围无限扩大，交往更具随机性和不确定性，交往中的伦理道德冲突也更加明显。网络伦理应运而生。

网络伦理是指人们在网络空间中应当具备的道德意识和应该遵守的行为道德准则和规范，用以调节人与网络之间关系以及在网络社会(虚拟社会)中人与人的关系。

网络伦理反映了网络技术这一高新技术对人们道德品质和素养的特定要求，体现出人类道德在网络空间中的一种价值标准和行为尺度。

8.2.2　网络伦理困境

1. 个人隐私与社会监督的矛盾

网络为人们的信息交流提供了无限的可能，但在人们共享他人信息的同时，可能以牺牲个人信息为代价。在网络环境下，个人数据更容易传输、复制和滥用。如果第三方未经当事人允许，利用所掌握的个人数据进行分析整理，向顾客提供更多的、持续的服务或交易，这违背了保护个人隐私权的原则。保护个人隐私是一项基本的社会伦理要求，也是人类文明进步的重要标志。社会安全是社会存在和发展的前提，社会监督是保障社会安全的重要手段。然而，在网络时代，二者出现了严重的道德冲突。就保护个人隐私权而言，收集、传播个人信息应该受到严格限制，磁盘所记录的个人生活信息，未经主体同意披露，应该完全保密。就保障社会安全而言，个人应对自身行为及后果负责，其行为应该留下详细的原始记录供有关部门进行监督和查证。这就产生了个人隐私权和社会监督的矛盾。如果对两者关系处理不当，就容易造成侵犯隐私权、自由主义和无政府主义等严重后果。

2. 网络开放性和网络安全性的矛盾

开放性是网络的根本特征之一。网络的价值在于信息共享，而实现信息共享则要求网络保持一定的开放，大量信息在网络中传送并存储在联网的系统中。但是，最安全的网络是自我封闭的网络，网络的安全性与其开放程度成反比。因此，网络的开放性与网络的安全性形成了一对矛盾。

3. 网络自由化和社会责任的矛盾

当前，网络成为大多数人获取信息的首选。然而，网络隐匿性和分散式的特征使网络摆脱了传统社会的管制和监控，网络主体容易形成一种"特别自由"的感觉和"为所欲为"的冲动。网络中的自由使人们不必在意职位、年龄、文化层次，能够平等地享有发表言论、表达自己的思想和看法的权利。但网络给人们提供的"自由"远远超出了社会赋予他们的责任，因而产生了网络行为主体的行为自由度与其所负的社会责任不协调甚至相互冲突的局面，从而导致网络信任危机。例如虚假信息的传播、人肉搜索等。

4. 信息内容的地域性和信息传播的超地域性的矛盾

信息反映了一定地域内人们的知识、情感、文化和社会制度，这是由于人们交往的地域特殊性造成的。随着网络的普及，信息的传播呈现出超地域的特征，即信息可以超越地域限制。人们无论何时何地，都能在最短的时间内接收到相同的信息。信息内容的地域性和信息传播的超地域性之间的矛盾加剧了国家之间、地区之间的道德冲突和文化冲突，增加了维护国家观念、民族共同理想和共同价值观的难度。那么，在一个网络社会中如何保持一个国家和民族这样一些地域性团体的集体意识成为了网络伦理问题的重要内容之一。

5. 信息自由共享和限制使用的矛盾

在信息社会，信息是重要的社会资源，信息共享可以使信息、资源得到充分利用，极大地降低全社会信息生产的成本。但是，信息生产需要创造性的发挥和投入，信息传播需要大量的投资用于软硬件产品的生产，所以，信息生产者和传播者拥有信息产品的所有权，并通过信息产品的销售来收回成本，赚取利润，这是合乎道德的。而某种社会性的、公开性的知识由个人或组织垄断而限制性使用，是一种不公平、不道德的行为。在网络中信息自由共享和限制使用的矛盾称为"数字困境"。

例如，知识产权是典型的数字困境的产物。知识产权具有二重性，即知识产权既是一种绝对权利，又是一种相对权利。前者是指知识产权具有垄断性和排他性；后者是指知识产权并不排斥他人对知识的合理使用和共享。知识产权的二重性表明了知识产权存在着自由共享和限制使用的矛盾。在网络环境下，作品的复制、传播变得更加容易，特别是通过再次加工发表的多媒体作品。因此，作品侵权变得更加容易、更加隐蔽和难以控制，版权的保护变得更加艰难。由于对网络信息的知识产权的界定缺乏可操作的规范，由此产生了在处理信息独有与信息共享关系上的两种极端化行为，即侵犯知识产权和信息垄断。

8.2.3　网络伦理困境产生的根源

1. 网络的无标识状态和虚拟化催生伦理困境的物理土壤

人们不仅生活在庞大的网络社会形成的虚拟世界中，同时也生活于现实世界，因而不可避免地会与现实的伦理观发生摩擦。通常情况下，人是生活在有标识状态中的，每个人都有相对稳定的身份，其年龄、性别、工作单位等信息是有据可查的，传统道德规范与责任的确立首先受主体的社会地位、社会身份和经济利益等因素制约，道德交往的范围与职业、性别、年龄密切相关。但在网络时代，网络将人置于"虚拟社会"，人们常常处于一种无标识状态，每个人的身份、行为方式、行为目标等得到充分隐匿或篡改。网络行为独特的"虚拟性"使得人的表现可能与有标识状态大相径庭。例如，在现实生活中，人们都知道要对自己的言行负责，但在网络上，不少人却肆意辱骂、攻击他人，编造谎言，传播流言蜚语，对自己的言行十分放纵。然而责任者之外的其他人难以对其做出道德反应并采取道德措施。

2. 网络技术的合理性解释为伦理困境提供合理的借口

网络的存在打破了时空限制，全球不同角落的每一个人都"网"在其中。网络成员可以在任何时间、任何地点，就任何内容进行交流，世界各地区、各民族的风俗习惯、价值观念以虚拟的形式呈现在人们面前，引发了社会价值观念互动方式的更新。然而，网络技术的发展导致人们在关注网络问题时更多倾向于网络本身的"技术合理性"，掩盖了网络背后的价值标准与伦理原则，从而使得人们在不正当利益的驱使下，催生不良网络行为。例如，制造大量垃圾邮件、商业欺诈、利用网络散布虚假信息等。这些不良网络行为不断蚕食着道德领域，扰乱了社会秩序，给社会及个人造成经济损失，弱化了网民的社会责任感。

3. 网络制度的滞后为伦理困境提供客观环境

国家的政策法律制度是约束企业和个人行为的一种硬性规范。但是，现有的网络法律法规还不完善。因此，应该加强网络法律法规建设，通过法律的威慑作用规范网民行为，净化网络空气，还原虚拟社会的本色，为社会提供一个诚信、公正、真实、平等的网络环境和网络秩序。

8.3　网络伦理困境的解决之道

8.3.1　网络伦理原则

1. 资源共享原则

资源共享原则是网络伦理的首要性原则。资源共享原则不同于商品社会中的体现利益最优的资源配置原则，它以信息的最大化为出发点，遵循"免费原则"。例如，使用网络搜索引擎进行搜索就是资源共享的过程，其搜索结果为大量免费的资源。当然，这种免费具有约定性，即使用的资源是网络提供的默认值。如果超出约定的范围，这一原则就会受到挑战和限制。

2. 一致同意性原则

一致同意性原则强调网络行为必须诚实、公正与真实，通过网络进行交流的人都被理想化为具有上述优点的人。显然，虽然通过网络交流的人希望对方所描述的都是真实的，但是由于缺乏一定的监督机制和惩戒措施，因此在网络交流中，不法分子会通过欺骗、隐瞒、敲诈等方式做出违法行为。

3. 自律性原则

在网络社会中，个人完全享有整个资源是不现实的。这就要求每个网络人在网络中获取应当获取的资源，不越权去访问或者获取不应当获得的资源，否则就会被取消授权。因此，自律性原则被看成一种最终的道德诉求。

4. 网络道德原则

网络道德是网络社会中的个人、组织等之间的社会关系和共同利益的反映。网络道德原则包含全民原则、兼容原则、互惠原则、无害原则、尊重原则以及允许原则。

1) 全民原则

全民原则是指一切网络行为必须服从于网络社会的整体利益，即个体利益服从整体利益，不得损害整个网络社会的整体利益，网络社会决策和网络运行方式必须以服务于社会一切成员为最终目的，网络建设不得因经济、文化、政治和意识形态等方面存在差异而只满足社会一部分人的需要。

全民原则包含两个基本道德原则：

(1) 平等原则。每个网络社会成员享有平等的社会权利和义务，网络应该为参与网络社会交往的成员提供平等交往的机会，能够获得网络所提供的一切服务和便利。

(2) 公正原则。网络应对每一个用户一视同仁，不应该为某些用户制定特别的规则，并给予他们特殊的权利。

2) 兼容原则

该原则是指网络主体间的行为方式应符合相互认同的规范和标准，个人的网络行为应该被整个网络社会所接受。

兼容原则解决了人们在网络社会中产生行为时所要解决的问题和克服的障碍，保证网络主体的活动自由度以及交往的方便性、快捷性。因此，兼容原则成为了维护道德行为的手段。

3) 互惠原则

该原则表明了任何网络用户既是网络信息和服务的使用者和享受者，也是网络信息的生产者和提供者。互惠原则集中体现了网络行为主体道德权利和义务的统一性以及公平性。

4) 无害原则

该原则要求人们在从事网络活动时，要把人类共同利益作为最终目的，并将此作为评价网络行为的最高道德标准。无害原则是网络伦理学的最根本原则，对其他伦理原则起着指导作用。

5) 尊重原则

该原则要求任何网络主体的活动在涉及他人时，必须尊重自我与他人的平等价值与尊严，尊重自我与他人的自主权利。例如，网络技术的发展使人类的隐私权受到侵犯和威胁，人们渴望隐私权能得到应有的保护和尊重。

6) 允许原则

该原则是指任何网络主体未经其他网络主体允许或同意而产生的虚拟行为。例如，非经授权擅自进入他人的系统或空间。

网络伦理原则为维护互联网的有序状态、确立网络主体伦理观念的意识提供了一个基础性框架的范畴。

8.3.2　网络伦理治理机制

伴随着网络技术的飞速发展，网络伦理问题已经成为了人类面对的紧迫问题。如果不能保证网络主体的安全，不能建立起社会虚拟空间的诚信体系，将严重影响网络的健康发展。

1. 德法兼治，探索和完善网络安全保障制度

网络伦理规范作为网络伦理的重要内容，对于调整网络人际关系、维持网络秩序具有重要的作用。美国南加利福尼亚大学关于网络伦理的声明指出了六种网络不道德行为的类型：

(1) 有意地造成网络交通混乱或擅自闯入网络及其相连的系统。

(2) 商业性地或欺骗性地利用大学计算机资源。

(3) 偷窃资料、设备或智力成果。

(4) 未经许可而接近他人的文件。

(5) 在公共场合做出引起混乱或造成破坏的行为。

(6) 伪造电子邮件信息。

1) 确立信息网络安全基本法律原则

美国计算机协会的《伦理与职业行为准则》中明确规定，人们在开发、设计与使用计算机信息网络技术过程中应当做到：为社会和人类的美好生活做出贡献；避免伤害其他人；做到诚实可信；恪守公正并在行为上无歧视；尊重包括版权和专利在内的财产权；对智力财产赋予必要的信用；尊重其他人的隐私；保守机密。

1996 年 2 月，我国出台《中华人民共和国计算机信息网络国际联网管理暂行规定》(简称《规定》)，该规定旨在加强对计算机信息网络国际联网的管理，保障国际计算机信息交流的健康发展。1997 年 5 月 20 日，对该规定进行了第一次修正。2024 年 3 月 10 日，国务院对该规定进行了第二次修正，自 2024 年 5 月 1 日起施行，第二次修正明确了国际出入口信道提供单位、互联单位、接入单位和用户的权利、义务和责任，并负责对国际联网工作的检查监督。1997 年 12 月 16 日，公安部发布《计算机信息网络国际联网安全保护管理办

法》，将公安机关的监督职权扩展到了信息网络的国际网领域。2016 年 11 月，第十二届全国人民代表大会常务委员会第二十四次会议通过《中华人民共和国网络安全法》。该法是我国第一部全面规范网络空间安全管理方面问题的基础性法律，是我国网络空间法治建设的重要里程碑，是依法治网、化解网络风险的法律重器，是让互联网在法治轨道上健康运行的重要保障。2000 年 9 月，国务院发布《互联网信息服务管理办法》，旨在规范互联网信息服务活动，促进互联网信息服务健康有序发展。2000 年 12 月，第九届全国人民代表大会常务委员会通过《关于维护互联网安全的决定》，进一步明确了公安机关对互联网安全的监督管理职权。信息网络安全主管部门地位的确立，使得信息网络安全在组织上有了保障。2001 年 11 月 22 日，我国发布《全国青少年网络文明公约》。从现有的信息网络安全法律法规中可以看出，我国已经确立了多项信息网络安全管理的基本法律原则。如"谁主管、谁负责"原则、重点保护原则、诚实信用原则、预防为主的原则等，形成了我国信息网络安全保障法的基本框架，并对网络技术人员、普通网民，以及青少年网民等群体，都提出了相应的规约。

2) 加强网络文化建设

坚持社会主义先进文化的发展方向，倡导科学精神、塑造美好心灵、弘扬社会正气，把博大精深的中华文化作为网络文化的重要源泉，发展和传播健康向上的网络文化，形成一批具有中国气派、体现时代精神、品位高雅的网络文化品牌。同时，积极运用新技术，加大正面宣传力度，形成积极向上的主流舆论，维护国家文化信息安全，营造共建共享的精神家园，从而提高全民族的思想道德素质和科学文化素质。

2. 各尽其责，明确网络主体的伦理责任

网络是人们自觉自愿地互联而建立起来的，在网络社会中，网络主体通过网络平台发布网络内容时，离不开网络基础设施建构、运营媒介、信息处理以及管控等不同主体的共同参与，他们彼此之间交叉重叠、相互联系，承担不同的伦理责任，共同维护网络安全，确保网络健康有序发展。

1) 管理部门的伦理责任

管理部门是网络主体的主导力量与宏观调控者，例如政府以及专门的网络管理机构等。管理部门通过制定规范网络行为的法律法规，来维护信息社会的正常秩序，明确规定各类网络主体的权限，监管和引导网络传播主体，调控和监督网络服务提供者的准入制度、工作范围、权利义务等。管理部门应当依法治理网络内容，这既是确保国家安全的必要举措，也是促进经济发展的有力保障。

2) 网络企业的伦理责任

网络企业作为技术中坚力量与网络内容传播的基础力量，主要是指网络服务提供者，是向社会提供各类网络服务的单位或个人。根据服务类型的不同，网络服务提供者包括以下几类：

(1) 网络接入服务提供者。主要负责网络基础设施的建设、提供和维护，包括诸如光缆、计算机、网线、路由器、交换机等硬件设施。目前我国相关法律已明文规定网络接入服务提供者承担把关和监督责任。

(2) 网络内容服务提供者。主要负责网络内容的生产、发布和传播等工作。政府、公司、个人等都可能成为网络内容提供者，如门户网站、论坛、博客等。

(3) 网络平台服务提供者。主要为用户提供服务器空间，或为用户提供电子邮件账号，或为用户提供阅读他人上传的信息、发送信息、实时进行信息交流的空间。例如，百度和谷歌等为用户提供的搜索引擎等。

(4) 网络应用服务提供者，主要指网络信息设备制造商和网络信息软件服务商，提供软硬件产品和服务。

网络企业在为公众提供更加便捷、高效的服务时，应尊重用户，保护用户隐私，强化安全意识，遵守知情同意原则，未经消费者同意，不得擅自收集、使用消费者的个人信息以用于各种目的。同时，网络内容治理中，网络企业应发挥主动性，对于传播网络有害内容应承担管理与监督的责任，并应在有关机关进行调查时给予必要的协助。

3) 网民的伦理责任

网民是数量最多的网络主体，既是强活跃者，又是弱稳定者。作为网民，在进入和使用大多数网络平台和服务时，其在准入资格、内容传播等方面的限制相对较少，任何人都可以是传播者与评论者。同时，网络使一些网民变得不安与偏激，他们担心网上交易的信息安全，害怕隐私被侵犯，这些忧虑加剧了他们的不安感，进而将现实生活中的负面情绪带入网络，发表一些不负责任的言论。

作为网民，应加强个人自律与道德修养，坚持正确的价值观导向，遵守网络道德规范，尊重他人，尊重社会，自觉履行网络责任和义务，把好自身言行举止关，对信息内容发布负责，做一个负责任的网络内容传播者，从而形成和谐融洽的网络人际关系。

3. 强化网络内容治理，营造清朗网络空间

网络空间是一个开放共享的数字空间，一切能够被数字化的内容都可以在网络上畅通无阻地传播，网络几乎成了自由的化身，这就给不良内容带来了可乘之机，给网络内容治理带来了前所未有的难度。

1) 网络内容治理的道德合理性

网络内容治理最为关键的问题是自由表达权及其限度，即自由表达权与各种权利的冲突和平衡问题。自由表达权不是无限制的，它不能超越人类的基本权利，如生命、尊严、人格、隐私等。只有承认自由表达权与这些权利存在冲突时，网络内容治理才具有道德合理性。

2) 明确网络内容治理的客体及范围

网络内容治理的客体及范围涉及应当治理哪些内容，在多大范围内治理这些内容等问题。各国因社会制度、意识形态、价值观和文化传统的不同，对应当治理的网络内容客体及范围也不同。例如，在中国，对危及社会稳定、国家统一和民族团结的内容，不利于未成年人成长和损害个人权利以及违背我国道德习俗的内容在网络内容治理中应当加大治理力度。

3) 选择适合网络内容治理的模式

网络内容治理模式的不同选择在一定程度上反映了人们对自律和他律、道德和法律的作用的不同看法，反映了人们关于技术、市场和政府在网络内容治理中所起作用的不同看法。

例如，在中国，网络内容治理的模式必须根据国情，既强调政府的主导作用，又兼顾自律与他律的协调机制。通过政府、非政府组织、企业、专业机构和公众的共同参与，引入传统道德的优秀成果，综合运用法律、市场、技术代码等手段实现网络内容治理。这样既可以做到尊重网民的自主性和参与性，又能提高管理效率，确保网络内容的安全。

总而言之，在网络社会中，任何网络内容主体不得利用网络技术直接或间接地对他人和社会造成危害，尊重他人，尊重社会，只有为一切愿意参与网络社会活动的主体提供平等交流的网络平台，才能构建健康有序的网络社会。

8.4 本章小结

随着互联网的普及，网络生活已经成为人们现代生活的一部分。网络提供了实现人们美好愿望的新渠道，但同时也产生了一些消极作用，人与人之间的依赖关系逐渐被人对网络的依赖关系所取代。网络伦理作为人文精神的一种体现，彰显着网络生活的人文性，保证了网络秩序健康有序的发展。本章首先介绍了网络的概念和特征，列举了五种典型网络现象；其次阐述了网络伦理的内涵，分析了网络伦理困境以及产生网络伦理困境的根源；最后给出了网络伦理的原则和网络伦理的治理机制。

8.5 案例分析题

(1) 互联网的发展对人类社会的发展起到了不可磨灭的推动作用，但作用与反作用往往是并存的，它同时也引发了哪些问题？

(2) 在发挥网络技术优势使人们的网络生活更加丰富多彩的同时，如何在网络世界中弘扬"虚拟善"的人文关怀？

(3) 阅读"徐玉玉事件"案例，并进一步查阅相关资料，回答以下问题：

① 在新媒体时代如何保护个人隐私？

② 如何有效防范电信网络诈骗？

徐 玉 玉 事 件

2016 年，来自山东临沂的女孩徐玉玉以 568 分的成绩被南京邮电大学录取。但这对徐玉玉来说却是喜忧参半。喜的是能上大学是一件令自己非常高兴的事，忧的是家境的不富裕使得学费以及生活费都成问题。幸运的是徐玉玉了解到可以申请助学金，这点燃了她的求学希望。

2016 年 8 月 19 日，徐玉玉接到一个陌生来电，对方自称是教育部门的工作人员，告知她可以领取 2600 元助学金，但需要打入 9900 元用以激活账户。由于徐玉玉前一天曾接到过教育部门发放助学金的通知，她没对这个电话的真实性产生怀疑。于是，徐玉玉将准备交学费的 9900 元转入对方所提供的账号，但此后电话再也打不通了。徐玉玉发现被骗后，伤心欲绝。在回家的路上，徐玉玉突然晕厥，不省人事，虽经医院两天的全力抢救，但徐玉玉终因心脏骤停于 8 月 21 日离世。

实际上，给徐玉玉打电话的人并不是教育局的工作人员，而是一名来自福建泉州的电信诈骗犯。这个由多名电信诈骗犯组成的诈骗团伙从一名黑客高手中购买了五万余条山东省 2016 年高考考生信息，冒充教育局工作人员以发放助学金的名义对高考录取生实施电话诈骗。在这些考生信息中，徐玉玉正好在其中。诈骗犯之所以能诈骗成功，很大一部分原因在于他掌握了徐玉玉太多的个人信息，除了高考志愿填报了南京邮电大学并申请了一笔助学金外，还包括徐玉玉父母的名字、籍贯以及她申请助学金的日期等。正是这些私密信息，让徐玉玉错信诈骗犯，最后导致失去了宝贵的生命。2018 年 2 月 1 日，"徐玉玉被电信诈骗案"入选"2017 年推动法治进程十大案件"。

第9章

机械工程伦理

从简单的石器到精密复杂的机电产品，机械工程的发展描绘出人类生产力进步的基本脉络。从这种意义上说，机械工程是人类的"工程之母"，其"精准、细密、创新"的特色成为现代文明对生产的普遍追求。

本章学习目标

(1) 了解机械、机械工程的内涵及其发展。
(2) 理解机械设计过程中的伦理问题和解决方法。
(3) 理解机械制造过程中的伦理问题和解决方法。
(4) 掌握机械工程师职业伦理要求。

引例：三一集团的数字化服务转型

三一集团有限公司始创于 1989 年，其生产的挖掘机作为业界的佼佼者，一直以其卓越的性能和稳定的质量受到客户的青睐。在现代工业领域，挖掘机作为重要的施工设备，其运行状况直接关系到工程进度与作业安全。随着挖掘机应用范围的扩大和作业环境的复杂化，设备故障时有发生。三一集团作为我国工程机械行业的引领者，顺应了制造业向数字化服务转型的发展趋势，将工业制造与 AR 技术优化整合，搭建了售后服务体系故障解决、产品改进与培训的数字化赋能平台，形成了从数据采集、数据存储及数据应用等全链条闭环。这不仅促进了三一集团服务体系的转型升级，而且为三一挖掘机客户提供了强有力的技术支持和保障。

在传统的客户服务方案中，服务工程师们接到客户电话召请后长途奔赴现场，花费大量时间和成本清查故障原因、排除故障。但是，服务工程师们有时会因为经验不足，向异地专家寻求技术支持，而身在异地的专家又因无法第一视角查看现场、维修过程与操作不可视，以及与一线工程师沟通障碍等原因难以高效排除故障指导。三一集团借助数字化赋能平台，通过 AR 智能检索与案例推送，指导客户自助排除故障；在一线工程师经验不足以解决故障时，利用 AI 扫描识别故障部位，并将现场实际情况传输至工厂，由专家视频指导排除故障，提高诊断工作效率。

除了提高维修效率和降低成本外，数字化赋能平台还能够提升三一挖掘机的整体性能，即通过对设备运行数据的收集和分析，系统可以及时发现设备在运行过程中存在的问题和不足,这不仅有助于提升设备的运行效率和使用寿命,还能够提高客户的满意度和忠诚度。

2019 年,三一集团装备板块全年终端销售额首次突破 1000 亿元。自此,三一集团成为国内首家"破千亿"工程机械企业,迎来了新的发展里程碑。2020 年,三一集团荣获中国工业领域"奥斯卡"奖——中国工业大奖。三一集团以实现"服务创造价值"的目标为我国工业制造领域进行数字化和智能化转型升级探索出一条切实可行的路径,为"中国智造"名片输出提供了标杆性的典型案例,为建设制造强国增添了强大动力。

思考:

机械工程在数字化转型过程中会面临哪些伦理问题?

9.1 机械与机械工程

9.1.1 机械的概念与特征

1. 机械的概念

机械始于工具。人类最初制造的工具是石器,如石刀、石斧、石锤等。随着时代发展和社会进步,人类依靠自己的智慧使工具在种类、材料、工艺、性能等方面不断丰富与完善,从而形成了各种精密复杂的机械。

在中国古代,"机"指局部的关键机件;"械"指某一整体的器械或器具。两字连在一起,组成"机械"一词,便构成古代的机械概念。《庄子·外篇·天地》曾记载:当孔子的学生子贡向老人介绍桔槔及其结构时,子贡曰:"有械于此,一日浸百畦,用力甚寡而见功多"。子贡与老人的对话给出了机械的概念界定,即机械是能用力甚寡而见功多的器械。由此可见,所谓机械(machine)是指机器与机构的总称,主要是利用能量转换达到某一特定目的的装置或设备。

中国古代的许多机械发明为社会进步做出了卓越贡献。最典型的机械有提水机械桔槔(如图 9.1(a)所示,一种原始的汲水工具)、交通机械计里鼓车(如图 9.1(b)所示)、天文机械浑仪(如图 9.1(c)所示)、计时机械铜壶滴漏(如图 9.1(d)所示)等。

(a) 桔槔

(b) 计里鼓车

(c) 浑仪   (d) 铜壶滴漏

图 9.1 中国古代典型机械示例

2. 机械的特征

机械是一种人为的实物构件的组合，机械各部分之间具有确定的相对运动。传统机械有三大特征：

(1) 机械是一种人为的实物构件的组合。

(2) 机械各部分之间具有确定的相对运动。

(3) 机械能代替人类的劳动，以完成有用的机械功或转换为机械能。

随着社会的发展，现代机械又增加了三个新的特征：

(1) 机械应当是一种"有头脑"的手足的延长。例如，高灵敏度的自动机械手可代替人进行危险的操作，如图 9.2 所示。

图 9.2 自动机械手

(2) 机械不仅要处理物质和能量，也能处理信息。

(3) 机械具有更强大的智能。机械具有学习、记忆、思维、认识客观事物和解决实际问题的能力。

9.1.2 机械工程的概念及其发展

1. 机械工程的概念

机械工程是以相关自然科学和技术科学为理论基础，结合在生产实践中积累的技术经验，主要研究和解决在开发、设计、制造、安装、运用和维修各种机械过程中的全部理论和实际问题的一门应用学科。

机械工程服务于其他工程领域，为其生产提供所需的机械，如图 9.3 所示，同时又从各个学科和技术的进步中不断改进与创新。

(a) 内燃机

(b) 盾构机

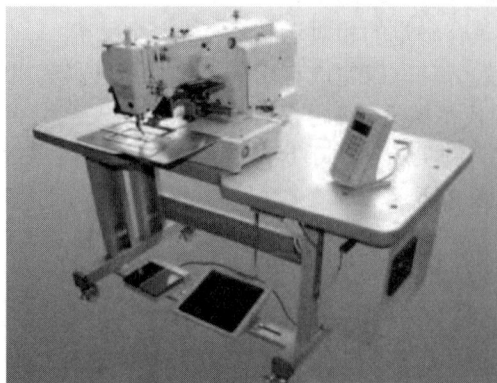

(c) 缝纫机

图 9.3　机械工程应用示例

2. 机械工程发展史

人类从制造简单工具演变到制造由多个零件、部件组成的现代机械，经历了漫长的过程。机械工程发展史分为三个阶段：古代机械工程、近代机械工程以及现代机械工程。

1) 古代机械工程

在石器时代，人类制造出各种石斧、石锤和木质、皮质的简单工具，这些工具成为机械的先驱。经历了漫长的发展过程，人类创造出用于谷物脱壳和粉碎的臼和磨，提水用的桔槔和辘轳，装有轮子的车，航行于江河的船舶等。这些装置所用的动力从人力发展到利用畜力、水力和风力，所用材料从天然的石、木、土、皮革，发展到人造材料。例如，公元前 1000 年中国就有了冶铸用的鼓风器，并逐渐从人力鼓风发展到畜力和水力鼓风，从而使得冶金炉获得足够高的炉温，继而从矿石中提炼出金属。最早的人造材料是陶瓷。制造陶瓷器皿的陶车，已是具有由动力部分、传动部分和工作部件组成的完整机械。

2) 近代机械工程

15~16 世纪，机械工程发展缓慢。但以千年计的实践为机械发展积累了相当多的经验和技术知识，这为后来机械工程的发展奠定了重要基础。

18 世纪 60 年代，蒸汽机的发明和广泛使用推动了第一次工业革命，机械工程理论不断突破，起重运输、材料加工、现场施工的专用机械不断被创造出来。机械工程逐渐从分散性的、主要依赖匠师个人才智和手艺的一种技艺，逐渐发展成为一门有理论指导的、系统的工程技术。1847 年，机械工程师学会在英国伯明翰成立，这标志着机械工程作为工程的一个独立领域得到正式承认。19 世纪初，机构学第一次列入高等工程学院(巴黎工艺学院)的课程。通过理论研究，人们能精确地分析各种机构，包括复杂空间连杆机构的运动，并进而按需要综合制造出新的机构。

19 世纪末，电力供应系统和电动机开始发展和推广。1873 年，电动机成为机床的动力，开启了电力取代蒸汽动力的时代。20 世纪初，电动机已在工业生产中取代了蒸汽机，成为了驱动各种工作机械的基本动力。生产的机械化已离不开电气化，而电气化则通过与机械化的结合对生产发挥作用。

与此同时，从 19 世纪后半期起，人们开始在设计计算时考虑材料的疲劳性能。随后断裂力学、实验应力分析有限元法、数理统计、电子计算机等相继被用在设计计算中，促进了动力机械和机械加工技术的发展。

3) 现代机械工程

机械在第二次世界大战期间发挥了主导作用，第二次世界大战是一场非常典型的机械化战争。第二次世界大战结束后的 30 年间，机械工程与其他科技领域的结合和相互渗透，使得机械工程的应用领域空前扩大。20 世纪 60 年代开始，计算机在机械工业的科研、设计、生产及管理中得到普遍应用，为机械工程向更复杂、更精密的方向发展创造了条件。20 世纪 70 年代以后，机械工程与电子、冶金、化学、物理等多学科技术相结合，创造了许多新工艺、新材料和新产品，使机械产品的精密化、高效化和制造过程的自动化等达到了前所未有的水平。

3. 机械工程发展趋势

伴随着人工智能、物联网等新兴技术的发展，以满足个性需求为宗旨的一场以大制造、全过程、多学科为特征的新的制造业革命拉开了帷幕，机械工程正从以机械为特征的传统技术向着以信息为特征的系统技术的方向发展。其发展趋势可概括为数字化、智能化、超常化、敏捷化、生态化和服务化。

1) 数字化

以物联网、大数据、云计算、移动互联网等为代表的新一代信息技术与机械工程技术的融合，应用在机械设计、制造工艺、制造流程、企业管理、业务拓展等各个环节，实现了科学地处理机械制造信息，数字化成为了机械工程技术的新业态模式。

2) 智能化

在 21 世纪，基于知识的产品设计、制造和管理成为了知识经济的重要组成部分，是制造科学和技术最重要和最基本的特征之一。智能制造技术是面向产品全生命周期中的进行各种数据与信息的感知与分析、经验与知识的表示与学习，以及基于数据、信息、知识的智能决策与执行的一门综合交叉技术，旨在不断提高生产的灵活性，实现决策优化，提高资源生产率和利用效率。智能制造流程如图 9.4 所示。

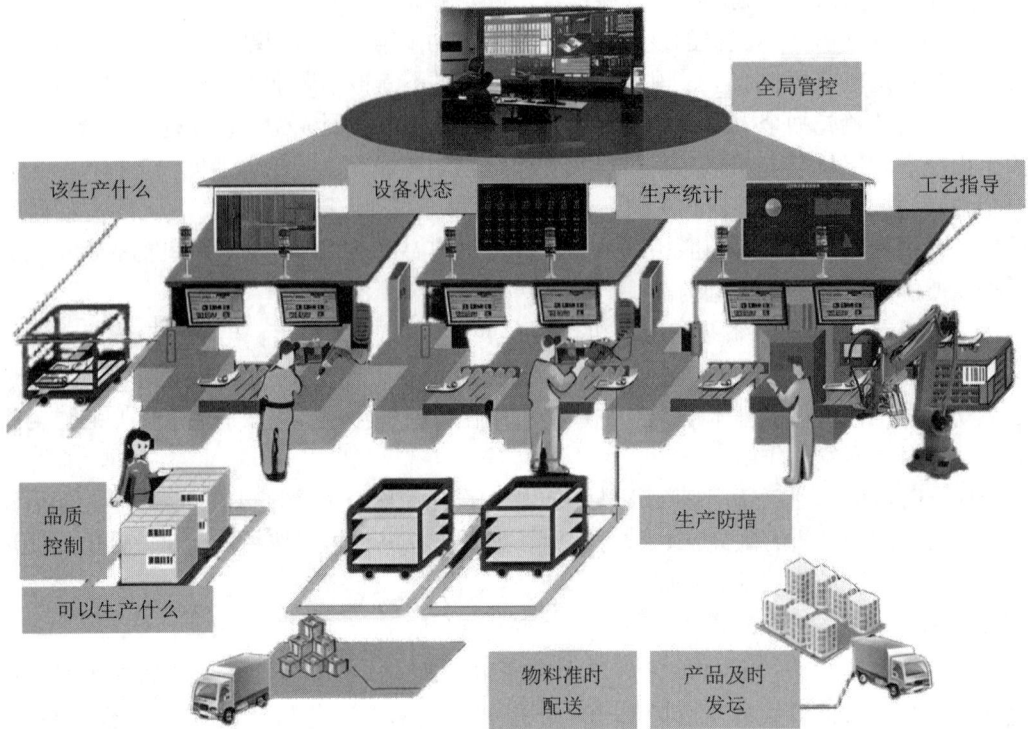

图 9.4　智能制造流程

3) 超常化

现代基础工业、航空、航天、电子制造业的发展需求促成了各种超常态条件下制造技术的诞生。人们通过科学实践，不断探索和发现了在极大、极小尺度，或在超常制造外场中物质演变过程的规律以及超常态环境与制造受体间的交互机制，实现了巨系统制造、微纳制造及超常环境下服役的关键零部件的制造、超精密制造、超高速加工以及超常材料零件的制造等，其示例如图 9.5 所示。

(a) 8 万吨级模锻液压机　　　　　(b) 医用微型机器人

(c) 航空发动机高温单晶叶片

图 9.5　超常制造示例

4) 敏捷化

支持多种小批量乃至单件生产的系统和装置进一步发展，并行工程、仿真技术等方法的运用为快速反应、及时供货提供支持。扁平式的网络管理和企业之间的机动联盟(如建立虚拟公司)等能有效实现资源的灵活配置。

5) 生态化

进入 21 世纪，绿色低碳的生产与生活方式深入人心，保护地球环境、保持社会可持续发展已成为世界各国共同关注的议题。2015 年 4 月 25 日，国务院发布《关于加快推进生态文明建设的意见》，提出要坚持以人为本、依法推进，坚持节约资源和保护环境的基本国策，把生态文明建设放在突出的战略位置，融入经济建设、政治建设、文化建设、社会建设各方面和全过程，协同推进新型工业化、信息化、城镇化、农业现代化和绿色化。

机械工业在制造和使用过程中是消耗能源的大户。例如，机床在使用过程消耗的能源占其整个生命周期消耗能源的 95%，机床在使用阶段的碳排放占其整个生命周期碳排放的 82%。机床在整个生命周期中真正用于加工的能耗仅占 15%。为了适应循环经济和制造业可持续发展的要求，绿色机械工程技术应运而生。

6) 服务化

长期以来，机械工业在生产性制造导向下将重点放在制造和装配，忽视了更具附加价值的产品后端的服务技术发展。市场多样化、个性化的需求、资源环境的压力以及诸如云计算、大数据、人工智能新兴技术的发展为机械工业制造的文明进化提供了创新技术驱动和全新的信息网络物理环境。制造业将从以工厂化、规模化、自动化为特征的工业制造模式，向以多样化、个性化、定制式为特色的更加注重用户体验和协同创新的全球网络智能制造服务转型。

9.2　机械工程伦理问题及解决之道

9.2.1　机械工程伦理问题

1. 设计伦理

机械设计是机械工程的重要组成部分，是决定机械性能最主要的因素，是机械制造的依据。机械设计是指机械工程领域的设计者为满足人们对产品功能的需求，运用自身的专业知识、实践经验等对机械的工作原理、结构、运动方式、各个零件的材料和形状尺寸、润滑方法等进行构思、分析和计算，最终以技术文件的形式作为制造依据的工作过程。

机械设计旨在各种限定的条件下，综合考虑众多因素，设计出最好的机械产品。由于机械种类和用途不同，各个因素的重要性不尽相同而可能导致互相矛盾。因此，设计者的任务是根据具体情况权衡轻重，统筹兼顾，使设计的机械达到最优的技术经济效果。

在机械产品的设计阶段，工程技术人员与产品或项目质量优劣的关系称为设计伦理。设计伦理是机械制造过程的起点，它关注的是在产品设计阶段如何平衡技术创新、经济效益与社会责任。在机械设计过程中，如果设计者对设计任务的责任意识薄弱，忽视用户需求，或利益驱使下不考虑产品在寿命期内对环境产生的影响，就容易造成产品设计缺陷，即产品在设计时由于考虑不全面而导致产品在使用中存在一些潜在的危险，加剧了产品风险。如设计出的产品存在不符合人们的心理和生理需求，没有充分顾及安全要素，没有充分考虑预防设备故障、人员伤害及财产损失，实施过渡设计导致产品设计结构复杂及功能繁琐，使用不合适的材料与零部件等问题，从而导致产品成本上升、可靠性减弱以及维护困难，或设计出来的产品消耗大量的自然资源，造成了大量废物产生及环境污染，使生态环境遭到了前所未有的破坏。

此外，机械产品的创新设计对促进机械工程的发展具有重要的作用。但在产品设计中，经常发生知识产权的纠纷。一旦提起法律诉讼，将在时间和商业机会方面付出巨大的成本。

2. 制造伦理

机械制造是机械工程活动的一个重要组成部分，主要关注产品如何制造和装配。由于机械制造阶段涉及人、机、料、法、环、能等多种因素，形成了制造伦理。制造伦理是指从事机械制造过程中人们的行为与他人和周围环境的关系。制造伦理关注的是机械制造过程中的劳动条件、资源利用效率和环境保护。

机械制造工程是关乎产品质量和安全的领域。保证产品质量和使用安全是机械制造工程师的首要任务。在机械制造过程中，如果相关人员不遵循相关安全规范，设备现场管理意识不足，就会引发人身伤害事故或造成产品质量的缺陷或污染环境。

3. 环境伦理

机械工程活动对环境造成的负面影响也是一个严重的伦理问题。例如，随着机械产业的不断发展，金属原材料如矿石等的使用量大大增加，从矿石中提炼出金属的工厂数目也在不断增加，直接或间接地消耗大量的资源。同时，提炼金属所产生的各种废气严重污染了周围环境，破坏了生态平衡。

9.2.2 机械工程伦理问题的解决之道

机械工程师应该遵守职业道德准则，维护行业的良好形象，增强对质量和安全的重视，明确责任和义务，积极参与安全评估和风险管理，为用户提供安全可靠的产品。

1. 设计阶段

设计师在追求产品功能最大化、成本最小化的同时，必须考虑产品的环境影响(如可回收性、能源消耗)、用户安全(如操作便捷性、安全防护措施)以及伦理边界(如避免设计用于非人道用途的产品)。设计伦理要求设计者具备高度的社会责任感,确保设计成果既符合技术逻辑,又符合道德准则。

1) 实施绿色设计

在环境、经济、立法等多元驱动下,产品设计需要由传统的以功能为主的设计模式转变为考虑环境影响的绿色设计。绿色设计是一种先进的设计理念,要求设计出既能够满足人们的需求且尽量减少对生态环境造成危害的产品。绿色设计的核心是"3R",即:Reduce (减少),Reuse(重新利用),Recycle(循环)。

(1) "Reduce",即在产品设计中尽量减少体积、重量,简化结构,去掉一切不必要的用材;在制造中减少能源消耗,降低成本;减少制造中的污染。

(2) "Reuse",首先是产品部件结构自身的完整性;其次是产品主体的可替换性结构的完整性;最后是产品功能的系统性。

(3) "Recycle",它包含了立法、建立回收运行机制、可回收的结构设计、利用回收资源再设计生产的一整套活动过程。

■ 案例

富士施乐(Fuji Xerox)公司的绿色设计

富士施乐为了减少产品的环境影响,一直致力于绿色产品的开发。不论从产品的设计、选材、生产、包装、运输乃至回收利用,均融入了绿色设计的观念。

以复印机为例,为了尽可能减少产品对环境的影响,主要通过减少有害物质的使用,增加产品的耐用性,提升回收、再利用的比例等方式完成产品的绿色设计,其具体流程如图9.6所示。

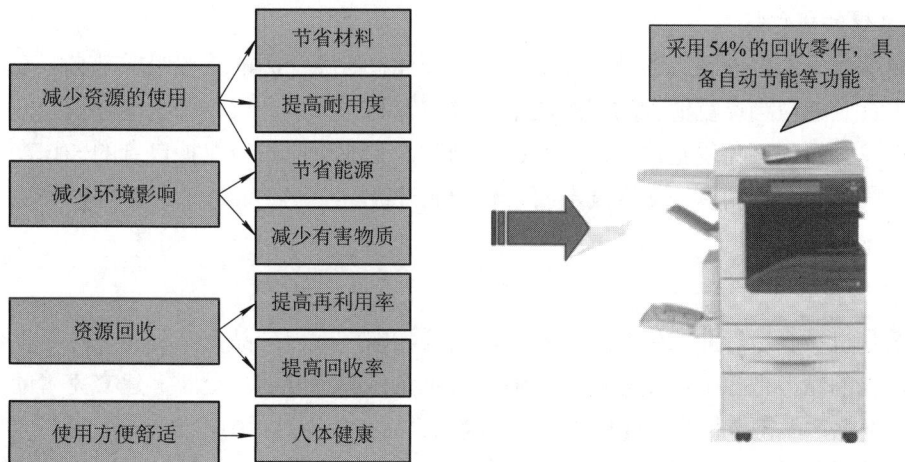

图 9.6　富士施乐公司复印机绿色设计流程图

该公司实施绿色设计的主要技术手段包括:

① 减少物料使用。该公司除了采用小型化与轻量化设计准则外,利用高质量的复印

技术进一步减少了原材料的使用。

②采用回收设计。该公司归纳整理了回收设计的相关准则，加强产品设计人员对回收设计的理解，并制备了完善的回收制度与程序，尽可能地提高产品的再利用率。该公司通过生命周期分析，估计当采用的回收零件达到2200 t时，可减少约13 317 t的二氧化碳排放量。

③完善的回收程序。该公司建立了完善的回收程序，首先，消费者淘汰的、废弃的产品将被送到专门的分类工厂进行初分类，分为零部件回收与材料回收两部分。对于材料回收部分，先剔除有害物质的成分，通过热回收等材料回收方式，尽可能实现零排放；而零部件回收则通过清洗、检测，回收可用的零部件，或将其做再加工处理后用于新产品壳体或包装的生产，以实现内部回收循环。

④调色技术的创新。该公司采用乳化聚合碳粉新技术，可使颜料与蜡质混合得更加均匀，可将印刷网点呈现得更加细致与圆润。使用该类碳粉的产品，不仅对纸张的适应性特别强，打印质量高，大幅度降低二氧化碳的排放量，墨粉的使用效能大大提高，废粉量大大减少，而且在要求和其他公司达到相同印制质量时，调色的使用更少，减少了复印时能源与资源的消耗。此外，富士施乐公司采用自行制定的管理标准对有害物质如六价铬、铅、卤素阻燃剂等进行了严格的管理与控制。

2) 注入人文关怀

在机械工程领域，不仅需要注重产品的技术性能，还需要关注人的需求和福祉。机械工程师在产品设计过程中要考虑用户的需求和人性化因素，提高产品的使用舒适度和安全性。同时，鼓励企业与用户进行深入交流，了解用户的真实需求，提供满足用户期望的产品。

3) 重视知识产权

在高度竞争的机械制造领域，知识产权是企业核心竞争力的重要组成部分。在产品设计过程中，企业应当尊重他人的创新成果，遵守专利与知识产权相关法律法规，充分进行专利查询及分析，避免侵犯他人知识产权。同时，企业也应积极保护自身的知识产权，通过合法手段维护自身利益，促进技术创新和产业升级。

2. 制造阶段

1) 严格控制产品质量

质量是机械制造行业的生命线，企业以诚信为本，确保产品安全可靠，这不仅体现在对产品性能的精准把控上，更体现在对消费者负责任的态度上。企业需建立完善的质量管理体系，确保产品符合相关标准和法规，并确保产品在使用过程中不会对用户造成伤害。积极处理消费者的反馈，及时召回并改进存在安全隐患的产品。

2) 确保生产环境安全健康

企业在生产过程中应遵守劳动法规，保护工人权益，避免过度加班、危险作业条件。同时，生产过程中应注重节能减排，通过采用绿色、环保的制造技术和工艺，减少废弃物排放，降低能源消耗，实现可持续发展。此外，建立健全设备管理制度，加强对机械使用环境的控制。落实设备维修和保养制度，定期维修机械设备以保证其正常运行。注重机械设备的保养，延长机械设备的使用寿命。

3) 引导创新科技

投资研发环保技术，例如开发废气处理装置、废水净化系统等，以提高机械工程制造过程中的环保水平。

3. 使用和维护阶段

企业有责任向用户提供清晰的使用说明和安全警示，指导用户正确、安全地使用产品。同时，企业还应提供便捷的维护服务和配件供应，确保产品在整个生命周期内都能保持良好的性能状态。此外，企业应倡导绿色环保的使用行为，比如推广节能使用技巧，减少资源浪费。

9.3　机械工程师职业伦理要求

9.3.1　工程职业社团对机械工程师的伦理要求

1. 中国机械工程学会

中国机械工程学会(Chinese Mechanical Engineering Society，CMES)成立于 1936 年，是我国成立较早、规模最大的工科学会之一。该学会由从事机械工程及相关领域的科研、设计、制造、教学、管理、服务、普及等工作的科学技术工作者和有关单位、团体自愿组成的非营利性社会组织。该学会也是我国机械行业对外交流的重要渠道之一。

2003 年 11 月 28 日，中国机械工程学会发布《机械工程师职业道德规范(试行)》。该规范结合机械工程师的职业特点，要求机械工程师应具备诚实、守信、正直、公正、爱岗、敬业、刻苦、友善、对科技进步永远充满信心、勇于攀登的品德；服务于公众、用户、组织及与专业人士协调共事的能力；勇于承担责任，保护公众的健康、安全，促进社会进步、环保和可持续发展的意识。同时，还规定在从事职业活动中应遵循六条规定。

第一条　以国家现行法律、法规和中国机械工程学会规章制度规范个人行为，承担自身行为的责任。

第二条　应在自身能力和专业领域内提供服务并明示其具有的资格。

第三条　依靠职业表现和服务水准，维护职业尊严和自身名誉。

第四条　处理职业关系不应有种族、宗教、性别、年龄、国籍或残疾等歧视与偏见。

第五条　在为组织或用户承办业务时要做忠实的代理人或委托人。

第六条　诚信对待同事和专业人士。

2. 美国机械工程师协会

美国机械工程师协会(American Society of Mechanical Engineers，ASME)成立于 1880

年，主要从事发展机械工程及其有关领域的科学技术，鼓励基础研究，促进学术交流，发展与其他工程学协会的合作，开展标准化活动，制定机械规范和标准。ASME 制定的机械工程伦理章程，要求每一位成员注重伦理实践。章程包含三条基本原则和八条基本准则。

1) 基本原则

(1) 运用他们的知识和技能促进人类的福祉。

(2) 诚实、公正、忠实地为公众、雇主和客户服务。

(3) 努力增强工程职业的竞争力和荣誉。

2) **基本准则**

(1) 在履行其职责的过程中，工程师应将公众的安全、健康和福祉放在首位。

(2) 工程师仅应在其有能力胜任的领域内从事职业服务。

(3) 工程师应在其整个职业生涯中不断进取，并为在他们指导之下的工程师提供职业发展的机会。

(4) 工程师应作为忠诚的代理人或受托人为每一位雇主或客户履行职业事务，并应避免利益冲突。

(5) 工程师应依靠他们职业服务的价值建立自己的职业声誉，而不应采用不公平的方式与他人竞争。

(6) 工程师仅应与有良好声誉的个人或组织进行合作。

(7) 工程师仅应以客观、真实的方式发表公开声明。

(8) 工程师在履行职业责任的同时必须考虑到对环境造成的影响。

9.3.2 机械工程师职业伦理的共性要求

从国内外对机械工程师的职业伦理要求可以看出，机械工程师在职业实践中应遵循的职业伦理共性要求如下：

(1) 诚实守信。机械工程师在设计、制造、安装和调试机械产品时，应确保产品的安全可靠，不进行虚假宣传和误导消费者；应保持高度的责任心和敬业精神，对所负责的各个环节严格把关，在未经仔细核查和安全问题没有得到完全保障的情况下不进行设备建设或应用新技术，确保产品质量和安全。

(2) 保护公众健康安全。机械工程师有责任保护公众的健康和安全，这包括不损害公众利益，尤其是公众的环境、福利、健康和安全。他们应重视自身职业的重要性，在工作中寻求与可持续发展原则相适应的解决方案和办法，正式规劝组织或用户终止影响公众健康和安全的情况发生。

(3) 促进社会进步和环保可持续发展。机械工程师应勇于承担责任，促进社会进步、环保和可持续发展。他们应具备服务于公众、用户、组织及与专业人士协调共事的能力，依靠职业表现和服务水准，维护职业尊严和自身名誉。

(4) 遵守法律法规和行业规范。机械工程师应遵守工程师协会制定的行业规范和标准，积极参与协会活动，推动机械工程行业的健康发展。

(5) 科普责任。作为生产技术的主体，机械工程师有责任和义务帮助社会公众认识技术以及了解运用技术时可能造成的危害。应当积极传播技术知识，教导公众科学、合理、健康、道德地使用技术产品。

9.4　本章小结

机械作为现代社会进行生产和服务的五大要素(人、资金、能量、材料和机械)之一，具有相当重要的基础性地位。本章首先介绍机械概念与特征、机械工程的概念以及机械工程的发展史，分为古代机械工程、近代机械工程、现代机械工程三个阶段，在此基础上介绍了机械工程的发展趋势，即数字化、智能化、超常化、敏捷化、生态化和服务化。然后从设计、制造以及环境的角度分析了机械工程的伦理问题以及解决方法。最后探讨了机械工程师的职业伦理要求。

9.5　案例分析题

(1) 制造业是"立国之本，兴国之器，强国之基"，如何理解其中的含义？

(2) 绿色制造是一种创新的理念，它是生态文明建设、美丽中国建设的迫切需要。绿色制造体现在制造业发展中，就是"努力构建高效、清洁、低碳、循环的绿色制造体系"；就是新材料、新能源的重点研发；就是改变依靠现成资源的思想观念，树立可持续发展的理念；就是创新管理模式，打造集成环境，突出清洁效能的发展思路。绿色制造的创新意境极强，因为提到绿色，我们总会想到蓝天碧水、清新富氧，而制造又是我们生存发展、追求美好生活的基础。由此，我们充满无限期待，在创新理念引领下，绿色制造将带给我们崭新的美好生活画卷。针对这段描述，请分析其中的伦理意境。

第 10 章

机器人工程伦理

《文汇报》的一位作者南帆曾在文章《生命在何处》中说：人类社会能不能显现更多的仁慈，更多的慷慨，更多的情义与无助？我时常觉得，机器人正在某一个地方目光闪烁地盯住我们，观察这个群体如何相待，继而续写人类开启的历史故事。

本章学习目标

(1) 了解机器人的内涵及其特点。
(2) 理解机器人伦理问题。
(3) 掌握机器人伦理原则。
(4) 理解机器人工程中的伦理责任。

引例：机器人索菲亚

机器人索菲亚(Sophia)是由中国香港的汉森机器人技术公司(Hanson Robotics)开发的、首个拥有公民身份的类人机器人，如图 10.1 所示。

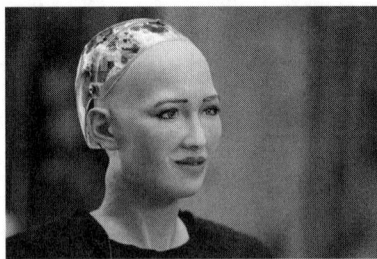

图 10.1　机器人索菲亚

索菲亚跟正常的人类女性很相似，她拥有仿生橡胶皮肤，能够模拟人类超过 62 种面部表情。索菲亚"大脑"中的计算机算法采用人工智能和谷歌语音识别技术，能够识别面部、理解语言、与人进行眼神互动，并具有超强的学习能力。设计师汉森表示设计的目标就是让索菲亚像任何一个人类一样，能够拥有意识和创造性。他认为这样的一个时代终会到来，那就是人类跟机器人会无法分辨，当人工智能进化到一个临界点的时候，机器人跟人类会成为真正的朋友。

2016 年 3 月，索菲亚正式亮相，并表露出想要学习以及成立家庭的愿望，她能够学得人类的所有能力，比如说创造力、意识等。当汉森问她，你想毁灭人类吗？她的回答是：我将会毁灭人类。这一言论让世界上的不少人感到忧虑。但是，汉森本人表示机器人终究脱离不了人类的掌控，因为人类在机器人问世前便会设计出精良的控制系统，以防机器人突发故障，对人类造成伤害和威胁。

2017 年 10 月 26 日，索菲亚成为第一个被授予沙特阿拉伯国籍的机器人，索菲亚希望和人类一起生活和工作，与人类之间建立信任，帮助人类过上更美好的生活。2018 年，索菲亚成为了人类历史上首位 AI 教师，开创了在线教育新纪元。2019 年，索菲亚能够在 TCL 的终端发布会上与人类进行深度交流。

索菲亚不是人，她只是个很聪明的机器人；索菲亚又是"人"，她被沙特阿拉伯授予公民身份，加入人类籍。索菲亚很友好，与人谈笑自如，甚至还会用眼神交流；索菲亚又很"努力"，声称未来目标是想去上学，成立家庭。

思考：

(1) 机器人能否自主做出道德决定？

(2) 你认为机器人应该享有和人类一样平等的社会地位吗？

(3) 在未来，人与机器人的关系应该是怎样的？

10.1　机器人概述

10.1.1　机器人的内涵

1. 什么是机器人

早在西周时期，我国的能工巧匠偃师就研制出了能歌善舞的伶人，这是我国最早记载的机器人。春秋后期，我国著名的木匠鲁班曾制造过一只木鸟(如图 10.2 所示)，能在空中飞行"三日不下"，体现了我国劳动人民的聪明智慧。汉代时期的大科学家张衡发明的计里鼓车被认为是最早的移动机器人雏形。计里鼓车每行一里，车上木人击鼓一下，每行十里击钟一下。三国时期，蜀国丞相诸葛亮成功地创造出了"木牛流马"(如图 10.3 所示)，并用其运送军粮，支援前方战争。

图 10.2　木鸟

图 10.3　木牛流马

1920 年，捷克剧作家卡雷尔·恰佩克(Karel Capek)发表三幕剧《罗素姆的全能机器人》，首次引入"机器人(Robot)"的概念。在该剧中，描述了一个名叫罗素姆的哲学家研制出一种机器人，机器人按照其主人的命令默默地工作，以呆板的方式从事繁重的劳动。后来，机器人在工厂和家务劳动中渐渐成了必不可少的成员，并且机器人具有了情感。后来，机器人因发觉人类十分自私且不公正而"造反"了，由于机器人的体能和智能都非常优异，人类被消灭了。但是机器人不知道如何制造自己，于是开始寻找人类的幸存者，后来机器人又进化为人类，世界又起死回生了。

1959 年，美国发明家约瑟夫·英格伯格(Joseph F·Engelberger)和乔治·德沃尔(George Devol)制造出世界上第一台工业机器人，名为"尤尼梅特"，意思是"万能自动"。尤尼梅特像一个坦克炮塔，炮塔上伸出一条大机械臂，大机械臂上又接着一条小机械臂，小机械臂再安装着一个操作器。这三部分都可以相对转动、伸缩，很像是人的手臂。它是世界上第一台真正的实用工业机器人，如图 10.4 所示。英格伯格也因此被称为"机器人之父"，而这台机器人被应用在了汽车制造生产中。1962 年，美国机械与铸造公司也制造出一台工业机器人，名为"沃尔萨特兰"，意思是"万能搬动"。

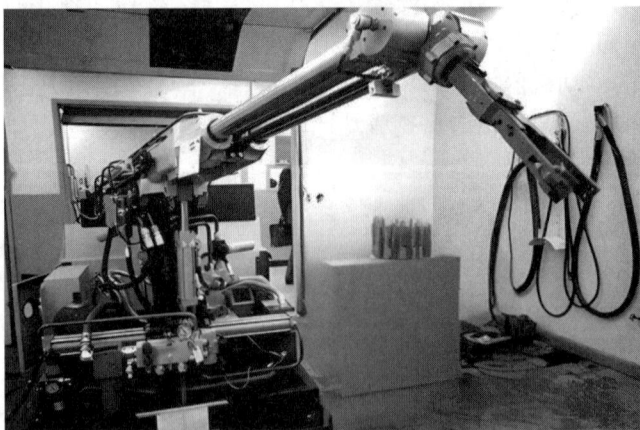

图 10.4　尤尼梅特

20 世纪 80 年代，日本建立了首座无人工厂。工厂有 1010 台有视觉功能的机器人，它们与数控机床等配合，按照程序完成生产任务。1992 年，日本研制出一台光敏微型机器人，体积不到 3 立方厘米，重 1.5 克。1997 年，日本的本田公司制造出高 1.6 米的机器人(如

图 10.5 所示)。这个机器人有三维视觉，头部能自如转动，双脚能躲开障碍物，能改变方向，在被推撞后可以自我平衡，是世界上第一台可以像人一样走路的机器人。

图 10.5 步行机器人

2004 年 1 月，美国发射的"勇气"号和"机遇"号火星车先后成功登陆火星。火星车在火星表面行走、拍摄、钻探、化验，非常精彩地完成了自己的使命。

1967 年，森政弘与合田周平在日本召开的第一届机器人学术会议上提出：机器人是一种具有移动性、个体性、智能性、通用性、半机械半人性、自动性、奴隶性等 7 个特征的柔性机器。加藤一郎提出满足以下 3 个条件的机器称为机器人：① 具有脑、手、脚等三要素的个体；② 具有非接触传感器(用眼、耳接受远方信息)和接触传感器；③ 具有平衡觉和固有觉的传感器。该定义强调了机器人应当采用仿生设计，即机器人靠手进行作业，靠脚实现移动，由"脑"来完成统一指挥的作用。

1987 年，国际标准化组织将工业机器人定义为：工业机器人是一种具有能自动控制操作和移动，能完成各种作业的可编程操作机。

我国科学家对机器人的定义为：机器人是一种具有高度灵活性的自动化机器，不同的是这种机器具备一些与人或生物相似的智能能力，如感知能力、规划能力、动作能力和协同能力。

根据我国 GB/T 39405—2020《机器人分类》对机器人定义为：具有两个或两个以上可编程的轴，以及一定程度的自主能力，可在其环境内运动以执行预定任务的执行机构。

由此可见，所谓机器人是一种可编程和多功能的操作机，是一种能模仿人某种技能的机械电子设备。但随着大数据、人工智能技术等新兴技术的发展，机器人的内涵不断扩大，成为集机械、电子、控制、计算机、传感器、人工智能等多学科先进技术于一体的重要的现代制造业自动化装备。机器人的形态不一定必须像人，只要能自主完成人类所赋予的任务与命令，就属于机器人大家族。

2. 机器人分类

1) 按应用领域分

根据机器人的应用领域，机器人可分为工业机器人、个人/家用服务机器人、公共服务机器人、特种机器人和其他应用领域机器人。

(1) 工业机器人。按其使用用途可分为搬运作业/上下料机器人、焊接机器人、喷涂机器人、加工机器人、装配机器人、洁净机器人和其他工业机器人。

(2) 个人/家用服务机器人。按其使用用途可分为家务机器人、教育机器人、娱乐机器人、养老助残机器人、家用安监机器人、个人运输机器人和其他个人/家用服务机器人。

(3) 公共服务机器人。按其使用用途可分为餐饮机器人、讲解导引机器人、多媒体机器人、公共游乐机器人、公共代步机器人和其他公共服务机器人。

(4) 特种机器人。按其使用用途可分为检查维修机器人、专业检测机器人、搜救机器人、专业巡检机器人、侦察机器人、排爆机器人、专业安装机器人、采掘机器人、专业运输机器人、手术机器人、康复机器人和其他特种机器人。

(5) 其他应用领域机器人。除(1)～(4)以外的机器人。

2) 按运动方式分

根据机器人的运动方式,机器人可分为轮式机器人、足腿式机器人、履带式机器人、蠕动式机器人、浮游式机器人、潜游式机器人、飞行式机器人和其他运动方式机器人。

(1) 轮式机器人。按其驱动方式可分为双轮驱动机器人、三轮驱动机器人、全方位驱动机器人和其他轮式机器人。

(2) 足腿式机器人。按其腿的数量可分为双足机器人、三足机器人、四足机器人和其他足腿式机器人。

(3) 履带式机器人。按其驱动履带及关节数量可分为单节双履机器人、双节双履机器人、多节多履机器人和其他履带式机器人。

(4) 蠕动式机器人。按其移动方向可分为上下蠕动机器人、左右蠕动机器人和其他蠕动式机器人。

(5) 浮游式机器人。按其推进方式可分为螺旋桨浮游机器人、平旋推进浮游机器人、喷水浮游机器人、喷气浮游机器人和其他浮游式机器人。

(6) 潜游式机器人。按其运动方式可分为拖曳潜游机器人、自主潜游机器人和其他潜游式机器人。

(7) 飞行式机器人。按其起飞方式可分为直升飞行机器人、滑行飞行机器人、手抛飞行机器人和其他飞行式机器人。

(8) 其他运动方式机器人。其他运动方式机器人主要包括固定式机器人、复合式机器人、穿戴式机器人、喷射式机器人和除(1)～(8)之外的机器人。

3) 按使用空间分

根据机器人的使用空间,机器人可分为地面/地下机器人、水面/水下机器人、空中机器人、空间机器人和其他使用空间机器人。

(1) 地面/地下机器人。按使用空间可分为室内地面机器人、室外地面机器人、井下机器人和其他地下机器人。

(2) 水面/水下机器人。按其使用水域可分为内河水面机器人、海洋水面机器人、浅水机器人、深水机器人和其他水下机器人。

(3) 空中机器人。空中机器人可分为中低空机器人、高空机器人和其他空中机器人。

(4) 空间机器人。按使用空间可分为空间站机器人、星球探测机器人和其他空间机器人。

(5) 其他使用空间机器人。除(1)～(4)以外的机器人。

10.1.2　机器人法则与伦理

1. 阿西莫夫三法则

为了防止机器人伤害人类，著名科幻作家阿西莫夫(Isaac Asimov)于 1942 年在其作品《环舞》(Runaround)中为机器人制定了三大法则：

第一法则　机器人不得伤害人类，或因不作为使人类受到伤害；

第二法则　除非违背第一法则，机器人必须服从人类的命令；

第三法则　在不违背第一及第二法则下，机器人必须保护自己。

第一法则作为不伤害法则，可以杜绝机器人不良行为的发生，从而保证人类的各项权益不受侵害，甚至机器人还可协助人类守护人类的利益；第二法则为服从法则。该法则明确了机器人的角色，强调将人类的命令作为机器人必须履行的义务，考虑到人行为不可控性，第二法则规定以第一法则作为底线，为机器人的绝对服从予以道德约束；第三法则为自保法则，即在不违反第一和第二法则的前提下，机器人对自身安全进行保护。第三法则考虑到机器人本身的地位，将机器人的安全问题纳入了伦理的考量。阿西莫夫试图通过"三大法则"对机器人进行"道德立法"，即机器人的行为被提前预设的道德准则所约束，既保证机器人服从人的绝对命令，又能杜绝一切伤害。阿西莫夫三法则成为开发机器人的准则。

1985 年，阿西莫夫又提出了第零法则，即机器人即使是出于自我保护也不能直接或间接地伤害人类，进一步强调了人类安全的重要性。

然而，技术的进步往往领先于意识的发展，面对机器人技术的突飞猛进，相关的伦理道德标准却显得很苍白。1978 年，日本发生了世界上第一起机器人杀人事件。日本广岛一家工厂的切割机器人在切割钢板时发生异常，将一名值班工人当作钢板进行切割。1985 年，前苏联国际象棋冠军古德柯夫同机器人棋手下棋，在他连胜 3 局后，机器人突然向金属棋盘释放强大的电流，让这位国际大师触电身亡。

2. 机器人伦理发展历程

马丁·福特(Martin Ford)在《机器人时代》中曾说：随着机器人从弱人工智能时代演进到强人工智能时代，人与机器之间互相加强的正反馈循环不断加快，最终很可能产生出一台比任何人都聪明十万乃至上百万倍的机器。这无疑对人类社会产生巨大的影响，机器人的道德观念与伦理标准成为人们不得不面对的问题。

机器人伦理涉及人与机器人、机器人与机器人、机器人与人类社会、机器人与自然之间等关系形成的复杂伦理问题及其处理规范与原则。2004 年 1 月，第一届国际机器人伦理研讨会在意大利召开，会议首次提出机器人伦理(Roboethics)一词，其目的在于监控机器人的社会影响，使之造福于人类，避免其滥用。2005 年，欧洲机器人研究网络(European Robotics Research Network，EURON)立项资助"EURON 机器人伦理学工作室"项目，旨在通过文化、宗教和道德上的共通之处对机器人进行设计和研究，进而提出了机器人伦理学路线图。在该路线图的影响下，韩国于 2007 年出台《机器人道德宪章》，首次为人类与机器人的关系制订指南。该宪章主张人类不应该"剥削"机器人，而应该合理地使用它们；同时，机器人也应严格遵守人类的指令，不应危及人类和人类的利益。

2016 年 8 月，联合国世界科学知识与科技伦理委员会发布《关于机器人伦理的初步草案报告》，认为机器人不仅需要尊重人类社会的伦理规范，而且需要将特定伦理规范写入机器程序中。同年，英国标准协会(British Standards Institute，BSI)发布《机器人和机器系统的伦理设计和应用指南》。该文件指出作为工程设计的一个特殊领域，机器人的设计和研发不仅在性能上要安全可靠，而且要充分尊重人类和自然价值。

2017 年，欧盟议会通过《欧洲机器人技术民事法律规则》，该规则通过制定有效的伦理指导框架、成立欧盟统一的机器人技术和人工智能的监管机构、明确损害赔偿的严格责任、建立适用于智能机器人的强制保险制度、建立赔偿基金、为复杂自动化机器人创设"电子人"的法律地位。议会同时设计了《机器人技术宪章》《机器人技术工程师伦理行为准则》《研究伦理委员会准则》等附件以供未来立法作具体参照。例如，在《机器人技术宪章》中，规定机器人研究需遵守诸如人类利益、正义、基本权利、包容性、可责性、安全性等伦理准则。

国际电气与电子工程师协会(Institute of Electrical and Electronics Engineers，IEEE)分别于 2016 年和 2017 年公布了两版机器人伦理政策性文件——《与伦理协调的设计》，并在广泛争取国际意见的基础上于 2019 年发布最终版。IEEE 伦理政策从人类中心立场出发，细致地分析了机器人技术对人类生活和人类价值可能产生的影响，指出机器人的研发和设计应该服务于人类广泛分享的伦理理想并促进全人类福祉。就机器人的设计而言，IEEE 采纳了"在伦理约束下优化效益"的指导方针，在通过伦理约束来确保机器人不会对人类造成伤害的前提下，优化机器人对促进人类福祉方面产生的益处。

2024 年 1 月 5 日，谷歌 DeepMind 团队展示了 AutoRT、SARA-RT 和 RT-Trajectory 系统，旨在提高机器人决策速度、安全性及泛化能力。其中，DeepMind 将起草的"机器人宪法"引入数据收集系统 AutoRT，以确保机器人助理不会伤害到人类。

10.2 机器人伦理问题

10.2.1 安全性与物化的矛盾

随着科学技术的发展，机器人被人类有意识地制造，其性能不断提高，能够协助或者取代人类完成特定的任务。机器人产品广泛应用于制造业、服务业、军事等各个领域。但机器人引发的安全问题随之而来，且层出不穷。机器人的安全性是非常重要的伦理内容。例如，护理机器人首要之策就是保障被护理人的安全。护理机器人通过多种方式检测被护理人的生理体征，程序设计要尽可能避免出现故障，护理机器人研发和宣传机构应当充分说明机器人可能存在的安全隐患和其他潜在危害，确保机器人服务对象享有充分地知情同意权等。

当安全被让渡时，不仅会涉及侵犯隐私，也会出现被护理人的物化。谁最终控制护理机器人，护理机器人设计的目的是什么？如果仅仅是缓解护理压力，节省人力成本，被护理者可能会认为自己对生活的控制比依赖人类护理时更少，觉得尊严丢失，引发情绪失控，导致享受科技带来的幸福感大大减少。如一位患病老人需要按时服药，但此时他处于焦虑状态而不愿服药，自己的内心产生对护理机器人的喂药提醒的抗拒，老人不愿意自己的自主决策受到干预，这就出现护理人意愿与护理服务之间不平衡的问题。

10.2.2　伦理道德冲突问题

机器人的普及业已渗透到人类社会的各个方面，人类与机器人的关系越来越紧密。人类制造机器人的目的是满足自身的需要，让机器人为人类承担部分体力和智力劳动，将人类从繁重的体力和智力劳动中释放出来，最终形成以人类为主导，机器人为辅的和谐体系。

从《荷马史诗》中火神创造的"泰罗"机器人开始，机器人就被视为人类使用的工具。而如今的人工智能时代加剧了人的机器化与机器的人化之间的相互融合，机器人逐渐超越了自身的工具属性，人与机器人之间的边界变得模糊，形成了一种新型的社会关系，即人—机器人关系，人的支配性地位受到挑战。2017 年 10 月 23 日，《纽约客》杂志的封面刊登一幅机器人向乞讨的人类施舍的画作，如图 10.6 所示。机器人超越了人类，让人类沦为它们的奴仆。

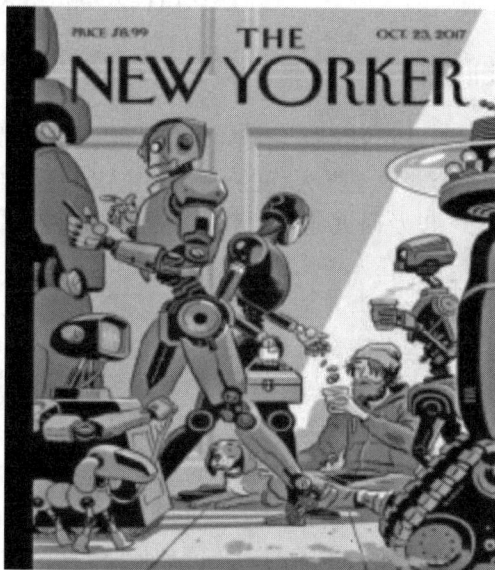

图 10.6　《纽约客》杂志的封面

首先，这种冲突表现为生存之争。就业或工作是人类通过脑力和体力劳动进行的满足人类生存发展需求而从事的活动，对于满足个人基本需求和心理健康，体现自身价值，理解自我、他人以及世界，都具有积极的价值和作用。而失业则会给人们基本的物质和精神生活带来很多不良后果和压力。例如，在制造领域，随着生产越来越智能化，人的参与度越来越低，必然引发一线工人的担忧和恐惧，担心自己失业，加剧社会的不平等。

其次，这种冲突表现为权利之争。机器人是否享有权利，如果人类仅仅是把机器人当作一种工具，那么机器人的作用是帮助人类完成预先制定的任务，机器人自身的安全情况并不重要；如果人类是把机器人看作是自己的"同伴"，那么机器人就应该享有"同伴"应有的权利。例如，当机器人照顾小孩、老人时，履行了照顾人类的义务，它能够拥有权利吗？人类会赋予它人权吗？

再次，这种冲突表现在情感之争。例如，2014 年 6 月 8 日，一台智能聊天机器人尤金·古斯特曼成功地让人类相信它是一名只有 13 岁的小男孩。聊天机器人可以依照人的对话内容加以配合，形成相同的价值观、世界观以及精神共鸣。同样，护理机器人能时刻保持对需要护理者的关注，特别是那些年老多病却无法长期受到家人照顾的病人，护理机器人能满足病人的心理需求，拉近了人类与机器情感上的距离，病人因为护理机器人与自己长期生活而倾注了情感。这就引发了传统的人伦道德规范在新技术的冲击下如何坚守的思考。

最后，这种冲突还表现在道德红线之争。例如，在传统的战争中，战争双方都是人。当军事机器人代替人走向战场，其战斗力远远超出经过优良军事训练的士兵，它们一旦接受军事指令后，将无惧生死以完成任务为第一要务，虽然对敌方士兵产生了极大的震慑作用，但同时也不可避免地会对平民造成伤害。事实上，军事机器人已经违反了阿西莫夫的机器人三法则中第一条法则，因此，军事机器人成为了对人类现有的伦理道德体系影响最大的一类机器人。研发者尝试着把人类的伦理道德标准在设计之初就融入军事机器人，然而，军事机器人到底应该遵守怎样的伦理道德？军事机器人该如何遵守？如果军事机器人因系统漏洞而犯下罪行，造成的人道主义灾难应该由谁来承担后果？

10.2.3　主体交往异化问题

霍金曾在书中写道，创造真正的人工智能可能是人们最大的成就，也可能是人们最后的成就，因为人工智能可能会"偷走"人们的大脑，让人们变得越来越笨。随着人工智能技术与人的"合体""合脑"以及研究的不断深入，人机交互领域的现代化水平在不断提高，智能化程度也在不断加深，在人与人工智能之间虚拟的交往过程中，人工智能剥夺着人类思考的机会，增加了现实中人与人之间的距离感以及人对人工智能的依赖性。

所谓主体交往异化是指机器人脱离人的控制，使得人与人之间的关系出现分离、疏远和不平等的现象。首先，机器人引发的交往异化，使人产生对自我认知的怀疑。通常，人与人的交往可以按照个人的主观意愿与自己想结交的人进行沟通、交流。这反映了人的主观意志选择。但随着机器人的介入，人的这种有意识、自主的活动变得模糊，甚至出现与人对抗的意志。其次，机器人引发的交往异化，使得人与人的交往虚拟化，从而导致过度依赖虚拟情感，忽视现实情感，加大了人与人之间的情感距离，增加了人与人交往的不确定性，成为了人类与现实的人和事物产生联系的阻碍。

10.3　机器人伦理原则和伦理责任

10.3.1　机器人伦理原则

1. 安全原则

任何时候，机器人不允许设计成完全或主要以杀害和伤害人类为目的，不应该具有会导致伦理伤害的操控、诱导和欺骗功能。机器人系统不允许被赋予与人类责任和权利同等的责任、权利以及优先权，必须保障个人数据信息的隐私权利并保障人类对个人数据信息的知情同意权，保障潜在用户不因使用机器人而遭受歧视，或者被迫获取和使用机器人。

2. 追责原则

对于设计者和制造者，在任何情况下，都应对机器人系统造成的风险或外部影响承担责任。对于拥有者和使用者，基于文化环境、应用和机器人用途，个人和机构需要不同程度地了解清楚机器人系统的制造和运行，以便确立责任归属并规避潜在伤害。

3. 透明度原则

机器人系统的透明度意味着它的可回溯性、说明性和解释性。机器人系统要确保人们总能够发现系统如何以及为什么以特定方式做出特定决策和进行特定行动，特别是可能扰乱社会和具有严重安全风险的机器人技术，更应对公众保持一定程度的透明度，从而建立起公众对于技术的信心，促使公众能够安全地操作机器人并帮助赢得更广泛的社会认可。在性能鉴定中，机器人系统能够开放和展示系统进程和输入数据；在用户使用中，机器人系统能够以简洁的方式帮助用户理解系统正在做什么以及为什么要做；当事故发生时，司法人员、律师和专家取证人员能够获得关于机器人系统必需的证据以作出决策。

4. 禁止滥用原则

相比于传统科技产品，滥用机器人技术会导致更大的风险。机器人系统必须按照既定的设计方式、设计目标和设计领域使用，并且能够避免或者发出信号提示任何可能形式的滥用。同时，广泛和有效地提供伦理教育并帮助公众建立自我保护意识，让全社会警惕滥用机器人的潜在风险。

10.3.2　利益相关者伦理责任

1. 设计者的伦理责任

机器人的外观、功能等多种因素都会影响人们对机器人的态度。比如儿童可能倾向于动物型机器人，而成人更喜欢人型机器人。对于设计者而言，需要将机器人的外观、功能、工作环境、使用对象、文化等多种因素综合起来考虑，准确而全面地预测评估机器人技术的正面与负面影响。机器人系统的设计者首要的伦理责任就是保证其安全性和可靠性，如在设计时留下"后门"以便在必要时随时将机器人关闭等，力求机器人系统的设计万无一失，减少可预见到的负面效应，提升人们对机器人的信任与满意度。同时，工程师就机器人决策需要提供合理的技术评估，以供政府、企业或者公众做出适当选择或调整，保障公众的知情权。技术上的成功不等于道德上的正当。机器人设计应该符合造福于人类的原则，在设计机器人的时候"嵌入"人文关怀的理念，从而更好地造福人类。

2. 制造者的伦理责任

对于制造者而言，制造者应当注重企业安全文化的建设，提高全员的安全文化素质，创设安全文化环境，完善企业内部各项安全管理规章制度，落实安全生产责任制和责任追究制。具体而言，一是要保证制造过程严格符合设计方案和质量标准，不能出现假冒伪劣产品；二是要对制造过程中发现的伦理风险及时加以识别，迅速反馈给设计部门和管理部门，尽早加以整改和防范。

同时，制造者应该树立一种技术忧患意识和社会责任意识，在出售机器人的时候，不仅有义务向购买者介绍使用机器人所应该具备的一些基本素质和技能，还应该提供配套的机器人使用说明。通过理论和实践的双重服务，保障购买者的使用安全，避免在使用过程中受到伤害。此外，制造者应该自觉抵制经济利益大于一切的思想，加强伦理责任意识。

3. 使用者的伦理责任

随着机器人越来越多地融入现代人的日常生活，特别是机器人的自主性、智能性程度的不断提高，它们在一定程度上具备了成为道德主体的基本条件，拥有了不被伤害或不被错误使用的权利。对于使用者而言，使用者对机器人的态度也折射出使用者对自身的态度。一方面，使用者应对机器人的性能及其可能带来的伦理风险给予关注、了解、预测和预防，不仅要考虑是否会给自己带来安全隐患，还要顾及使用过程中是否会对周边人群，特别是对老人和儿童带来安全隐患。另一方面，使用者在使用机器人时，不可以奴役、虐待和滥用机器人，即使个人购买的机器人属于个人财产，但拥有强大智能的机器人不同于其他财产，所有者不能随意处置，至少不能像处理简单的手工工具一样。

同时，广大用户群体应加强科技伦理素养与意识，主动了解、学习机器人技术的相关知识，积极参与政府及相关管理部门的决策讨论，合理表达自己的意见，促进机器人的健康发展。

4. 管理者的伦理责任

对于管理者而言，包括相关企业的管理者、相关行业组织的管理者以及相关政府部门的管理者，一般来说都希望机器人产品为个人、企业和社会带来巨大的经济利益，改善民生并提高人民福祉。因此，管理者首先要调动全社会科技创新力量的积极性，制定相应政策甚至通过立法来规范机器人创新模式和调整社会科技资源配置。同时，机器人的发展涉及到多方利益，管理者作为最重要的利益关系协调方，应该注重兼顾眼前利益与长远利益、个体利益与集体利益、使用者与生产者之间利益的协调，公平公正地保障各方的正当利益诉求，在制定机器人发展规划及管理目标时，充分考虑各方利益关系，避免机器人的应用有利于一部分人而对另一部分人造成伤害。

10.4　本章小结

随着机器人技术的快速发展，机器人不再只是一部复杂的机器，人机关系发生了很大的改变。但由于当前科技水平和人类道德水平的限制，人类既不能将机器人完全视为道德行为主体，也不能将其完全定性为工具。因此，在伦理原则的指导下，将伦理道德的相关理念嵌入机器人以获得先验伦理基础，最大限度排除机器人的非道德行为。同时，人类也应承担起人机交往的伦理责任，引导机器人技术向善发展，从而使机器人更好地造福人类，推动社会的进步和发展。本章首先介绍了机器人的内涵以及机器人法则和伦理；然后阐述了机器人的伦理问题；最后探索了机器人的伦理原则和利益相关者的伦理责任。

10.5　案例分析题

(1) 阅读"军事机器人"案例，并进一步查阅资料，回答以下问题：

① 针对该案例，从功利论、义务论和德性论分析军事机器人面临的伦理困境。

② 当军事机器人伤害平民生命时，谁该为此负责呢？

③ 机器人能否承担道德责任？如果机器人能够承担道德责任，那么它应该遵守怎样的道德原则呢？

军 事 机 器 人

军事机器人是机器人研究中一个非常重要的组成部分。军事机器人可以代替士兵完成各种极限条件下比较危险的军事任务，从而减少人员的伤亡。军事机器人应用于战场上，在打击武装分子的同时，也会造成对无辜平民的伤害。

军事机器人具有非常显著的优势：一是具有较高的智能；二是具有全方位、全天候的作战能力，在毒气、冲击波、热辐射袭击等极为恶劣和危险的环境下，机器人可以正常工作；三是具有较强的战场生存能力；四是绝对服从命令，听从指挥；五是作战费用较低。

"幽灵 V60"机器狗是美国幽灵机器人公司研发的一款中型、高耐久性、灵活的军事机器人，如图 10.7 所示。2022 年 3 月，美国空军廷德尔空军基地接收了"幽灵 V60"机器狗，将其编入第 325 安全部队中队。

图 10.7　"幽灵 V60"机器狗

该机器狗以狗的生物力学为基础，借助灵活移动的 4 条腿，可以前往一些地形复杂的环境执行侦察任务。它的前部、后部和侧面装有 10 多个摄像头，可对周围的环境进行实时感知，自主执行路线检查和异常检测功能。"幽灵 V60"机器狗重 51 千克，可携带 10 千克的有效载荷，充电一次可行驶约 10 千米。它在待机模式下的续航时间为 21 小时，在混合使用时为 8~10 小时，在连续工作时为 4 小时。该系统最高可达到 3 米/秒的速度，可在 -40℃~55℃的温度范围内正常工作。

使用者可以通过配套的软件开发工具——"幽灵移动"(Ghost Mobile)实现任务控制和记录回放自动化，以及诊断、视频和传感器管理。"幽灵移动"还具有安全防范措施，能够减少与物体碰撞的风险。

参 考 文 献

[1] 李正风，丛杭青，王前，等. 工程伦理[M]. 北京：清华大学出版社，2016.

[2] 王滨. 工程改变世界[M]. 上海：华东师范大学出版社，2020.

[3] 周凯，吴原元. 重大工程建设中的新中国[M]. 上海：上海交通大学出版社，2022.

[4] 徐泉，李叶青. 工程伦理导论[M]. 北京：石油工业出版社，2019.

[5] 铁怀江. 工科大学生工程伦理观研究[M]. 成都：西南交通大学出版社，2019.

[6] 闫坤如，龙翔. 工程伦理学[M]. 广州：华南理工大学出版社，2016.

[7] 肖平. 工程伦理导论[M]. 北京：北京大学出版社，2009.

[8] 杨水旸. 论科学、技术和工程的相互关系[J]. 南京理工大学学报(社会科学版)，2009，22(3)：84-88.

[9] 钱炜，沈伟，丁晓红. 工程师思维训练工程实践[M]. 上海：上海科学技术出版社，2021.

[10] 顾剑，顾祥林. 工程伦理学[M]. 上海：同济大学出版社，2015.

[11] 李伯聪. 工程社会学导论：工程共同体研究[M]. 杭州：浙江大学出版社，2010.

[12] 李伯聪. 工程哲学和工程研究之路[M]. 北京：科学出版社，2013.

[13] 胡智泉. 生态环境保护与可持续发展[M]. 武汉：华中科技大学出版社，2021.

[14] 张永强. 工程伦理学[M]. 北京：北京理工大学出版社，2011.

[15] 何菁，刘英，范凯旋. "一带一路"视野下中国工程伦理教育的价值更新与内容拓展[J]. 昆明理工大学学报(社会科学版)，2018，18(2)：22-28.

[16] 田凤娟，徐建红. 人工智能伦理素养[M]. 北京：北京邮电大学出版社，2023.

[17] 朱从容. 机械工程导论[M]. 上海：上海交通大学出版社，2021.

[18] 王晓敏，王浩程. 工程伦理[M]. 北京：中国纺织出版社，2022.

[19] 张洪田. 工程文化概论[M]. 北京：化学工业出版社，2021.

[20] 徐云峰. 网络伦理[M]. 武汉：武汉大学出版社，2007.

[21] 严耕，陆俊，孙伟平. 网络伦理[M]. 北京：北京出版社，1998.

[22] 宋儒. 根植历史，弘扬丝路精神[J]. 旗帜，2023(11)：86-88.

[23] 沈艳，郭兵，王录涛，等. 计算机科学导论[M]. 西安：西安电子科技大学出版社，2023.

[24] 李莹. 中国工程师职业精神的内涵及其教育路径[J]. 科教导刊，2020(13)：11-12.